电力安全生产
典型违章图册

国网北京市电力公司安全监察部（应急管理部、保卫部）组编

中国电力出版社
CHINA ELECTRIC POWER PRESS

图书在版编目（CIP）数据

电力安全生产典型违章图册 / 国网北京市电力公司安全监察部（应急管理部、保卫部）组编 . — 北京：中国电力出版社，2022.10（2023.1 重印）

ISBN 978–7–5198–7162–8

Ⅰ .①电… Ⅱ .①国… Ⅲ .①电力工程—违章作业—图集 Ⅳ .① TM08–64

中国版本图书馆 CIP 数据核字（2022）第 191952 号

出版发行：中国电力出版社
地　　址：北京市东城区北京站西街 19 号（邮政编码 100005）
网　　址：http：//www.cepp.sgcc.com.cn
责任编辑：孙建英（010–63412369）
责任校对：黄　蓓　常燕昆
装帧设计：赵珊珊
责任印制：吴　迪

印　　刷：北京博海升彩色印刷有限公司
版　　次：2022 年 10 月第一版
印　　次：2023 年 1 月北京第二次印刷
开　　本：830 毫米 ×1230 毫米　32 开本
印　　张：9.375
字　　数：351 千字
印　　数：7001—8000 册
定　　价：80.00 元

本书编委会

主　　任　　邓佳翔

副 主 任　　张　津　　张振德

委　　员　　王鹏宇　　穆克彬　　李大志　　李　森
　　　　　　侯建林　　陈　楠　　李　松

主　　编　　王鹏宇

副 主 编　　穆克彬　　白志承

编写人员　　杨士奇　　张惟中　　吕　达　　宗晓茜
　　　　　　刘安畅　　鲁杨飞　　魏唐斌　　侯久凤
　　　　　　耿海军　　马中原

前言

　　为切实贯彻习近平总书记关于安全生产的重要指示精神，牢固树立"人民至上、生命至上"理念，落实国家电网有限公司关于进一步加大安全生产违章惩处力度的通知等文件中的工作部署，防范因违章导致的安全生产事故发生，维护公司安全生产稳定局面，以国网公司 Ⅰ 至 Ⅲ 类严重违章及国网北京市电力公司违章标准为依据，逐一匹配典型违章案例照片，并说明违反的安全规程条款，编制成本书，图文并茂指导一线人员学习掌握严重违章内容，提高违章辨识能力，查找身边违章行为，做到自查自纠，增强"我要安全"的主动意识。

编者

2022 年 10 月

目 录

前言

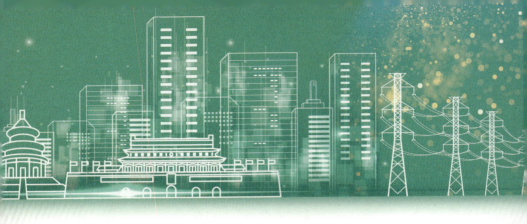

· 违反新《安全生产法》《刑法》、"十不干"等要求的管理违章和行为违章（国家电网公司Ⅰ类严重违章）；
· 工作现场关键性安全组织措施、安全技术措施不落实的其他违章。

红色违章问题

序号	问题分类	问题小类	违章级别	违章性质
1	安全组织措施不落实	工作计划	**红色**	管理

典型项目	无日计划作业，或实际作业内容与日计划不符。

★ Ⅰ类严重违章

违章案例

外包单位无计划进场作业

违反条款

· "十不干"；
· "四个管住"；
· 国网公司《作业安全风险管控工作规定》第十三条。

各单位应建立作业计划管控体系，健全计划编制、审批和发布工作机制，明确各专业计划管理人员，落实计划管控责任。

序号	问题分类	问题小类	违章级别	违章性质
2	安全组织措施不落实	现场	**红色**	管理

典型项目	存在重大事故隐患而不排除，冒险组织作业；存在重大事故隐患被要求停止施工、停止使用有关设备、设施、场所或者立即采取排除危险的整改措施，而未执行的。

★ Ⅰ类严重违章

Ⅰ类严重违章

示意案例

存在重大事故隐患应及时排除，严禁冒险组织作业

违反条款

· 《中华人民共和国刑法修正案（十一）》第一百三十四条。

　　强令他人违章冒险作业，或者明知存在重大事故隐患而不排除，仍冒险组织作业，因而发生重大伤亡事故或者造成其他严重后果的，处五年以下有期徒刑或者拘役；情节特别恶劣的，处五年以上有期徒刑。

　　在生产、作业中违反有关安全管理的规定，有下列情形之一，具有发生重大伤亡事故或者其他严重后果的现实危险的，处一年以下有期徒刑、拘役或者管制：因存在重大事故隐患被依法责令停产停业、停止施工、停止使用有关设备、设施、场所或者立即采取排除危险的整改措施，而拒不执行的。

Ⅰ类严重违章

序号	问题分类	问题小类	违章级别	违章性质
3	安全准入	企业准入	**红色**	管理

典型项目	建设单位将工程发包给个人或不具有相应资质的单位。

★ Ⅰ类严重违章

示意案例

建设单位应将工程发包给具有相应资质的单位

违反条款

存在下列情形之一的，属于违法发包：

（一）建设单位将工程发包给个人的；

（二）建设单位将工程发包给不具有相应资质或安全生产许可的施工单位的。

序号	问题分类	问题小类	违章级别	违章性质
4	防护用具使用不规范	安全工器具试验	**红色**	管理

典型项目	使用达到报废标准的或超出检验期的安全工器具。

★ Ⅰ类严重违章

Ⅰ类严重违章

 违章案例

现场使用超出检验期的安全工器具

违反条款

- "十不干"第六条；
- 《国家电网公司电力安全工作规程 （配电部分）（试行）》（简称配电规程）第 14.1.2 条；
- Q/GDW 1799.1《国家电网公司电力安全工作规程 变电部分》（简称变电规程）第 4.2.3 条；
- Q/GDW 1799.2《国家电网公司电力安全工作规程 线路部分》（简称线路规程）第 4.2.3 条；
- 《国家电网有限公司营销现场作业安全工作规程（试行）》（简称营销规程）第 19.1.2 条；
- Q/GDW 11957.1《国家电网有限公司电力建设安全工作规程 第 1 部分：变电》[简称电力建设规程（1 变电）] 第 8.4.1.8 条；
- Q/GDW 11957.2《国家电网有限公司电力建设安全工作规程 第 2 部分：线路》[简称电力建设规程（2 线路）] 第 8.4.1.8 条；
- 《防止电力生产事故的二十五项重点要求》第 1.2.2 和 1.2.3 条；
- 《用人单位劳动防护用品管理规范》第二十五条。

现场使用的机具（施工机具、电动工具）、安全工器具应经检验合格。

I 类严重违章

序号	问题分类	问题小类	违章级别	违章性质
5	安全组织措施不落实	工作负责人及监护人	**红色**	管理
典型项目	工作负责人（作业负责人、专责监护人）不在现场，或劳务分包人员担任工作负责人（作业负责人）。			

★ I 类严重违章

违章案例

工作负责人不在现场　　　　专责监护人未在现场监护

违反条款

- "十不干"第十条；
- 配电规程 第 3.5.2 条；
- 变电规程 第 6.5 条；
- 线路规程 第 5.5.1 条；
- 营销规程 第 6.5.2 条；
- Q/GDW 1799.3《国家电网公司电力安全工作规程　第 3 部分：水电厂动力部分》（简称水电厂动力规程）第 5.5 条；
- 电力建设规程（1 变电）第 5.3.5 条；
- 电力建设规程（2 线路）第 5.3.5 条；
- 国网公司《输变电工程建设安全管理规定》第四十四条；
- 《关于加强作业现场高质量安全管控的通知》第二条；
- 《水电工程施工分包管理办法》第三十、四十三、四十八条。

工作负责人、专责监护人应始终在工作现场；劳务分包人员不得独立施工作业，不得担任现场工作负责人（包括小组工作负责人）。

序号	问题分类	问题小类	违章级别	违章性质
6	安全组织措施不落实	许可开工	**红色**	行为

典型项目	未经工作许可（包括在客户侧工作时，未获客户许可），即开始工作。

Ⅰ类严重违章

★ Ⅰ类严重违章

违章案例

施工单位未经许可，提前进场工作

违反条款

· 配电规程 第 3.4 条；
· 变电规程 第 6.4 条；
· 线路规程 第 5.4 条；
· 营销规程 第 6.4 条；
· 水电厂动力规程 第 5.4 条。

　　各工作许可人应在完成工作票所列由其负责的停电和装设接地线等安全措施后，方可发出许可工作的命令。

序号	问题分类	问题小类	违章级别	违章性质
7	安全组织措施不落实	工作计划	红色	行为
典型项目	无票（包括作业票、工作票及分票、操作票、动火票等）工作、无令操作。			

★ Ⅰ类严重违章

违章案例

现场无工作票作业

Ⅱ级动火区内动火作业未使用动火工作票

违反条款

- “十不干”第一条；
- 配电规程 第 3.3.1 条；
- 变电规程 第 6.3.1 条；
- 线路规程 第 5.3.1 条；
- 营销规程 第 6.3.1 条；
- 水电厂动力规程 第 5.3.1 条；
- 电力建设规程（1 变电）第 5.3.3 条；
- 电力建设规程（2 线路）第 5.3.3 条；
- 《水电工程施工安全风险辨识、评估及预控措施管理办法》第十六条。

无票的不干

序号	问题分类	问题小类	违章级别	违章性质
8	安全组织措施不落实	安全交底	**红色**	行为

典型项目	作业人员不清楚工作任务、危险点。

★ Ⅰ类严重违章

Ⅰ类严重违章

 违章案例

现场未开展安全交底，作业人员不清楚工作任务及危险点

违反条款

- "十不干"第二条；
- 配电规程 第2.1.5和3.3.12.5条；
- 变电规程 第4.2.4和6.3.11.5条；
- 线路规程 第4.2.4和5.3.11.5条；
- 营销规程 第5.1.4和6.3.13.5条；
- 水电厂动力规程 第4.2条、5.3.10 b）和5.5.1条；
- 电力建设规程（1变电）第5.2.7、5.3.3.5和5.3.4条；
- 电力建设规程（2线路）第5.2.7、5.3.3.5和5.3.4条；
- 《电力建设工程施工安全管理导则》第12.6条。

　　工作班成员安全责任：熟悉工作内容、工作流程，掌握安全措施，明确工作中的危险点，并在工作票上履行交底签名确认手续。

序号	问题分类	问题小类	违章级别	违章性质
9	现场不安全行为	工作人员	**红色**	行为
典型项目	超出作业范围未经审批。			

★ Ⅰ类严重违章

违章案例

超计划范围工作

违反条款

- "十不干"第四条；
- 配电规程 第 3.3.9.12 和 3.3.12.5 条；
- 变电规程 第 6.3.8.8 和 6.3.11.5 条；
- 线路规程 第 5.3.11.5 条；
- 营销规程 第 6.3.10.8 和 6.3.13.5 条；
- 水电厂动力规程 第 5.3.7 k 和 5.3.10 e 条；
- 电力建设规程（1 变电）第 5.3.3.5 条；
- 电力建设规程（2 线路）第 5.3.3.5 条。

在原工作票的停电及安全措施范围内增加工作任务时，应由工作负责人征得工作票签发人和工作许可人同意，并在工作票上增填工作项目。若需变更或增设安全措施者应填用新的工作票，并重新履行签发许可手续。

序号	问题分类	问题小类	违章级别	违章性质
10	安全技术措施不规范	接地	**红色**	行为
典型项目	作业点未在接地保护范围。			

★ Ⅰ类严重违章

 违章案例

漏合接地开关，作业点未在接地保护范围内

违反条款

- "十不干"第五条；
- 配电规程 第 4.4.1、4.4.3 和 4.4.7 条；
- 变电规程 第 7.4.3 和 7.4.4 条；
- 线路规程 第 6.4.1 和 6.4.9 条；
- 营销规程 第 7.4.1 和 7.4.11 条；
- 电力建设规程（1 变电）第 12.3.2.1 和 12.3.2.5 条；
- 电力建设规程（2 线路）第 13.1.7 条。

　　作业人员应在接地线的保护范围内作业。禁止在无接地线或接地线装设不齐全的情况下进行高压检修作业。

I类严重违章

序号	问题分类	问题小类	违章级别	违章性质
11	安全技术措施不规范	接地	**红色**	行为

典型项目	漏挂接地线或漏合接地开关。

★ I类严重违章

违章案例

漏合接地开关

违反条款

· 配电规程 第 4.4.1、4.4.3 和 4.4.7 条；
· 变电规程 第 7.4.3 和 7.4.4 条；
· 线路规程 第 6.4.1 和 6.4.9 条；
· 营销规程 第 7.4.1 和 7.4.11 条；
· 电力建设规程（1变电）12.3.2.1 和 12.3.2.5 条；
· 电力建设规程（2线路）第 13.1.7 条。

当验明确已无电压后，应立即将检修的高压配电线路和设备接地并三相短路，工作地段各端和工作地段内有可能反送电的各分支线都应接地。

序号	问题分类	问题小类	违章级别	违章性质
12	现场不安全行为	工作人员	红色	行为
典型项目	组立杆塔、撤杆、撤线或紧线前未按规定采取防倒杆塔措施；架线施工前，未紧固地脚螺栓。			

★ Ⅰ类严重违章

违章案例

杆上有人作业，电杆根部不牢固，未培土夯实加固

违反条款

· "十不干"第七条；
· 配电规程 第 6.2.1 条；
· 线路规程 第 9.2.1 条；
· 电力建设规程（2线路）第 11.1.8、11.5.5、11.5.7 和 12.6.1 条。

登杆前，应检查杆根、基础和拉线是否牢固。杆塔组立前，应核对地脚螺栓与螺母型号是否匹配。铁塔组立后，地脚螺栓应随即采取加垫板并拧紧螺母及打毛螺纹等适当防卸措施 (8.8 级、10.9 级高强度地脚螺栓不应采用螺纹打毛的防卸措施)。电杆立起后，临时拉线在地面上未固定前，不得登杆作业。

I类严重违章

序号	问题分类	问题小类	违章级别	违章性质
13	现场不安全行为	工作人员	**红色**	行为

典型项目	高处作业、攀登或转移作业位置时失去保护。

★ I类严重违章

违章案例

高处作业、攀登未系安全带

违章案例

高处移位作业失去保护

违反条款

- "十不干"第八条;
- 配电规程 第 17.1.3 和 17.1.10 条;
- 变电规程 第 18.1.3 和 18.1.9 条;
- 线路规程 第 10.3 和 10.10 条;
- 营销规程 第 20.2.5 条;
- 水电厂动力规程 第 15.1.3 和 15.1.11 条;
- 电力建设规程(1 变电)第 7.1.5 条;
- 电力建设规程(2 线路)第 7.1.1.5、7.1.1.6 和 7.1.1.9 条;
- DL/T 5370《水电水利工程施工通用安全技术规程》第 6.2.6 条。

高处作业均应先搭设脚手架、使用高空作业车、升降平台或采取其他防止坠落措施,方可进行。高处作业人员在作业过程中,应随时检查安全带是否挂牢。高处作业人员在转移作业位置时不得失去安全保护。

一类严重违章

一类严重违章

序号	问题分类	问题小类	违章级别	违章性质
14	有限空间措施不到位	管理及措施	**红色**	行为

典型项目	有限空间作业未执行"先通风、再检测、后作业"要求；未正确设置监护人；未配置或不正确使用安全防护装备、应急救援装备。

★ I类严重违章

 违章案例

有限空间作业未进行机械通风、气体检测

违反条款

- "十不干"第九条；
- 配电规程 第 12.2 条；
- 变电规程 第 15.2.1.11 条；
- 线路规程 第 15.2.1.12 条；
- 水电厂动力规程 第 13.6 条；
- 电力建设规程（1 变电）第 7.2.2 条；
- 电力建设规程（2 线路）第 10.4.2.5 条；
- 《工贸企业有限空间作业安全管理与监督暂行规定》（国家安监总局令第80号）第八和十二条；
- 北京公司《有限空间作业安全工作规定》第十七、十八和十九条。

有限空间作业应坚持"先通风、再检测、后作业"的原则，作业前应进行风险辨识，分析有限空间内气体种类并进行评估监测，做好记录。

安全准入

序号	问题分类	问题小类	违章级别	违章性质
15	安全准入	企业准入	**红色**	管理

典型项目	列入负面清单未整改通过的施工单位现场作业。

 示意案例

国网北京市电力公司文件

京电安〔2021〕26 号

国网北京市电力公司关于 ████████
████ 公司列入负面清单的通报

公司各单位：
2021 年 8 月 23 日，公司安全监控中心在对 ████████ █████ 公司在吊装的钢结构吊装作业现场视频监控中，发现施工单位 ████ 公司在吊装的钢结构未固定前，作业人员在钢结构上横向移动且未系安全绳，予以蓝牌警告。鉴于 ████ 公司今年以来已有多起违章和不规范问题，安全积分已全部扣除，按照《安全双准入管理规定》(京电安〔2019〕12 号) 文件要求，████ 公司列入 年度施工企业负面清单。

列入负面清单未整改通过的施工单位不得开展现场作业

 违反条款

· "四个管住"管住队伍；
· 北京公司《安全双准入管理规定》第二十二条。

　　进入负面清单的集体企业、外包单位，停工期限不应少于 30 天。停工期限内不得在公司所属生产、经营区域内开展施工作业。

安全组织措施不落实

序号	问题分类	问题小类	违章级别	违章性质
16	安全组织措施不落实	工作计划	红色	管理

典型项目	未报送计划，施工单位提前完成相关工作。

违章案例

施工单位未报送计划，提前完成设备安装工作

违反条款

· "四个管住"管住计划；
· 国网公司《作业安全风险管控工作规定》第十四条。

作业单位（或建设管理单位）专业管理部门应通过平台编制、审核、发布周作业计划，并派发至作业班组工作负责人。

序号	问题分类	问题小类	违章级别	违章性质
17	安全技术措施不规范	接地	红色	行为

典型项目	交叉、跨越或邻近 35kV 及以上输电线路未采取防止感应电措施。

违章案例

配电线路作业段上方交叉跨越 110kV 线路，
未封挂防止感应电的接地线

违反条款

· 配电规程 第 4.4.12 条；
· 变电规程 第 7.4.4 条；
· 线路规程 第 8.2 和 8.4.4 条。

对于因交叉跨越、平行或邻近带电设备导致检修设备或线路可能产生感应电压时，应加装接地线或使用个人保安线，加装（拆除）的接地线应记录在工作票上，个人保安线由作业人员自行装拆。

安全技术措施不规范

序号	问题分类	问题小类	违章级别	违章性质
18	安全技术措施不规范	接地	**红色**	行为

典型项目	工作终结漏拆接地线。

 示意案例

工作终结前应逐一核对接地线拆除情况，杜绝漏拆接地线

 违反条款

· 配电规程 第 3.7.2 条。

工作地段所有由工作班自行装设的接地线拆除后，工作负责人应及时向相关工作许可人（含配合停电线路、设备许可人）报告工作终结。

序号	问题分类	问题小类	违章级别	违章性质
19	防护用具使用不规范	带电作业防护	红色	行为

典型项目	配电带电作业未穿戴合格的绝缘防护用具。

违章案例

带电作业未穿绝缘披肩

违反条款

· 配电规程 第 9.2.6 条。

　　进行带电作业时，应穿着绝缘防护用具（绝缘服或绝缘披肩、绝缘袖套、绝缘手套、绝缘鞋、绝缘安全帽等），断、接引线作业应戴护目镜，使用的安全带应有良好的绝缘性能。

防护用具使用不规范

序号	问题分类	问题小类	违章级别	违章性质
20	防护用具使用不规范	带电作业防护	**红色**	行为

典型项目	配电带电作业未进行绝缘遮蔽措施。

违章案例

绝缘包裹不严

违反条款

· 配电规程 第 9.2.7 条。

对作业中可能触及的其他带电体及无法满足安全距离的接地体（导线支承件、金属紧固件、横担、拉线等）应采取绝缘遮蔽措施。

序号	问题分类	问题小类	违章级别	违章性质
21	现场不安全行为	工作人员	**红色**	行为

典型项目	杆塔上有人作业时突然剪断拉线、导地线。

 ## 违章案例

采用突然剪断导线的做法松线

 ## 违反条款

- 配电规程 第 6.4.9 条;
- 线路规程 第 9.4.6 条。

禁止采用突然剪断导线的做法松线。

现场不安全行为

序号	问题分类	问题小类	违章级别	违章性质
22	现场不安全行为	工作人员	红色	行为

典型项目	作业人员攀登倾斜、横向裂纹、露筋严重的电杆进行高处作业。

违章案例

作业人员攀登倾斜电杆

违反条款

· 配电规程 第 6.2.1 条。

攀登过程中应检查横向裂纹和金具锈蚀情况。

- 国家电网公司系统近年安全事故（事件）暴露出的管理违章和行为违章（国家电网公司Ⅱ类严重违章）；
- 特种作业安全措施执行不规范可能导致误碰运行设备，人员不安全行为可能导致人身伤害的其他违章。

黄色违章问题

序号	问题分类	问题小类	违章级别	违章性质
1	安全培训	宣贯、安全日	黄色	管理

典型项目	未及时传达学习国家、公司安全工作部署，未及时开展公司系统安全事故（事件）通报学习、安全日活动等。

★ Ⅱ类严重违章

示意案例

各单位应及时传达学习国家、公司安全工作部署，及时开展公司系统安全事故（事件）通报学习、安全日活动等

违反条款

· 国网公司《安全生产委员会工作规则》（国网安委会〔2021〕2号）第九条。

公司安委会在公司党组领导下，负责研究部署、指导协调、监督检查公司安全生产工作，主要职责是：

（一）贯彻党中央、国务院关于安全生产的决策部署、中央领导同志关于安全生产的指示批示精神，执行国家安全生产法律法规、方针政策，落实国务院安委会、全国电力安委会等安全生产工作要求，部署公司贯彻举措。

序号	问题分类	问题小类	违章级别	违章性质
2	安全巡查	问题整改	黄色	管理

典型项目	安全生产巡查通报的问题未组织整改或整改不到位的。

★ II类严重违章

示意案例

国网北京市电力公司部门文件

安监〔2021〕70 号

国网北京市电力公司安监部关于印发
2021 年安全生产巡查典型问题及工作要求的通知

公司各单位：

针对公司组织开展的安全生产巡查工作，公司安监部编制了
安全生产巡查典型问题及工作要求，现予以下发，请各单位结合
实际，参阅完善本单位的安全管理工作。

附件：国网北京市电力公司 2021 年安全生产巡查典型问题及
工作要求

国网北京市电力公司安监部（保卫部）
2021 年 8 月 20 日

安全生产巡查通报的问题应及时整改

违反条款

· 国网公司《安全生产巡查工作规定（试行）》（国网安委会〔2019〕3 号）第十九条。

被巡查单位要自觉接受巡查，积极配合巡查组开展工作，向巡查组如实反映情况，有下列情形之一的，视情节轻重，给予通报批评或纪律处分：（四）拒不纠正存在问题或者不按照要求整改的。

Ⅱ类严重违章

序号	问题分类	问题小类	违章级别	违章性质
3	隐患排查	隐患排查	黄色	管理

典型项目	针对公司通报的安全事故事件、要求开展的隐患排查，未举一反三组织排查；未建立隐患排查标准，分层分级组织排查的。

★ Ⅱ类严重违章

示意案例

公司通报的安全事故事件、要求开展的隐患排查，应举一反三组织排查，并建立隐患排查标准，分层分级组织排查

违反条款

· 国网公司《安全隐患排查治理管理办法》〔国网（安监／3）481-2014〕第二十四条。

安全隐患排查（发现）包括：各级单位、各专业应采取技术、管理措施，结合常规工作、专项工作和监督检查工作排查、发现安全隐患，明确排查的范围和方式方法，专项工作还应制定排查方案。

（一）排查范围应包括所有与生产经营相关的安全责任体系、管理制度、场所、环境、人员、设备设施和活动等。

（二）排查方式主要有：电网年度和临时运行方式分析；各类安全性评价或安全标准化查评；各级各类安全检查；各专业结合年度、阶段性重点工作和"二十四节气表"组织开展的专项隐患排查；设备日常巡视、检修预试、在线监测和状态评估、季节性（节假日）检查；风险辨识或危险源管理；已发生事故、异常、未遂、违章的原因分析，事故案例或安全隐患范例学习等。

（三）排查方案编制应依据有关安全生产法律、法规或者设计规范、技术标准以及企业的安全生产目标等，确定排查目的、参加人员、排查内容、排查时间、排查安排、排查记录要求等内容。

Ⅱ类严重违章

序号	问题分类	问题小类	违章级别	违章性质
4	项目管理	承包分包	黄色	管理
典型项目	承包单位将其承包的全部工程转给其他单位或个人施工；承包单位将其承包的全部工程肢解以后，以分包的名义分别转给其他单位或个人施工。			

★ Ⅱ类严重违章

示意案例

承包单位严禁将其承包的全部工程转给其他单位或个人施工，并不得将全部工程肢解以后，以分包的名义分别转给其他单位或个人施工

违反条款

·《住房和城乡建设部建筑工程施工发包与承包违法行为认定查处管理办法》（建市规〔2019〕1号）第八条。

存在下列情形之一的，应当认定为转包，但有证据证明属于挂靠或者其他违法行为的除外：

（一）承包单位将其承包的全部工程转给其他单位（包括母公司承接建筑工程后将所承接工程交由具有独立法人资格的子公司施工的情形）或个人施工的；

（二）承包单位将其承包的全部工程肢解以后，以分包的名义分别转给其他单位或个人施工的。

Ⅱ类严重违章

序号	问题分类	问题小类	违章级别	违章性质
5	项目管理	人员派驻、合同执行	黄色	管理

典型项目	施工总承包单位或专业承包单位未派驻项目负责人、技术负责人、质量管理负责人、安全管理负责人等主要管理人员；合同约定由承包单位负责采购的主要建筑材料、构配件及工程设备或租赁的施工机械设备，由其他单位或个人采购、租赁。

★ Ⅱ类严重违章

示意案例

施工总承包单位或专业承包单位应派驻项目负责人、技术负责人、质量管理负责人、安全管理负责人等主要管理人员；合同约定由承包单位负责采购的主要建筑材料、构配件及工程设备或租赁的施工机械设备，不得由其他单位或个人采购、租赁

违反条款

• 《住房和城乡建设部建筑工程施工发包与承包违法行为认定查处管理办法》（建市规〔2019〕1号）第八条。

存在下列情形之一的，应当认定为转包，但有证据证明属于挂靠或者其他违法行为的除外：

（三）施工总承包单位或专业承包单位未派驻项目负责人、技术负责人、质量管理负责人、安全管理负责人等主要管理人员，或派驻的项目负责人、技术负责人、质量管理负责人、安全管理负责人中一人及以上与施工单位没有订立劳动合同且没有建立劳动工资和社会养老保险关系，或派驻的项目负责人未对该工程的施工活动进行组织管理，又不能进行合理解释并提供相应证明的；

（四）合同约定由承包单位负责采购的主要建筑材料、构配件及工程设备或租赁的施工机械设备，由其他单位或个人采购、租赁，或施工单位不能提供有关采购、租赁合同及发票等证明，又不能进行合理解释并提供相应证明的。

序号	问题分类	问题小类	违章级别	违章性质
6	项目管理	企业资质	**黄色**	管理

典型项目	没有资质的单位或个人借用其他施工单位的资质承揽工程；有资质的施工单位相互借用资质承揽工程。

★ II类严重违章

II类严重违章

示意案例

输变电工程施工合同

合同编号（发包人）：
合同编号（承包人）：
工程名称： 国网北京城区供电公司两年行动贯彻开闭
站一二等两路油纸电缆改造工程
发 包 人： 国网北京市电力公司
承 包 人： 北京城区供电开发有限公司
签订日期：
签订地点： 国网北京城区供电公司

严禁没有资质的单位或个人借用其他施工单位的资质承揽工程，同时严禁有资质的施工单位相互借用资质承揽工程

违反条款

· 《住房和城乡建设部建筑工程施工发包与承包违法行为认定查处管理办法》（建市规〔2019〕1号）第十条。

存在下列情形之一的，属于挂靠：

（一）没有资质的单位或个人借用其他施工单位的资质承揽工程的；

（二）有资质的施工单位相互借用资质承揽工程的，包括资质等级低的借用资质等级高的，资质等级高的借用资质等级低的，相同资质等级相互借用的。

II类严重违章

序号	问题分类	问题小类	违章级别	违章性质
7	安全组织措施不落实	施工方案	**黄色**	管理

典型项目	拉线、地锚、索道投入使用前未计算校核受力情况。

示意案例

★ II类严重违章

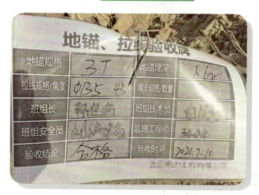

拉线、地锚、索道投入使用前应计算校核受力情况

违反条款

· 电力建设规程（2线路）第 8.3.13.1 和 9.5.3 条；
· 国网公司《防治安全事故重复发生实施输变电工程施工安全强制措施的通知》"三算"；
· DL/T 5370《水电水利工程施工通用安全技术规程》第 8.2.2、8.4.1 条。

锚、钻体强度应满足相连接的绳索的受力要求。索道架设应按索道设计运输能力、选用的承力索规格、支撑点高度和高差、跨越物高度、索道档距精确计算索道架设弛度，架设时严格控制弛度误差范围。

序号	问题分类	问题小类	违章级别	违章性质
8	安全组织措施不落实	施工方案	黄色	管理

典型项目	拉线、地锚、索道投入使用前未开展验收；组塔架线前未对地脚螺栓开展验收；验收不合格，未整改并重新验收合格即投入使用。

★ Ⅱ类严重违章

 示意案例

拉线、地锚、索道投入使用前应开展验收，
组塔架线前应对地脚螺栓开展验收

违反条款

· 电力建设规程（2 线路）第 8.3.13.4、9.5.6、11.1.6 和 11.1.8 条；
· 国网公司《防治安全事故重复发生实施输变电工程施工安全强制措施的通知》"四验"；
· DL/T 5130《水电水利工程施工通用安全技术规程》第 8.2.2、8.4.1、8.4.3 条。

拉线投入使用前必须通过验收、地锚投入使用前必须通过验收、索道投入使用前必须通过验收、组塔架线作业前地脚螺栓必须通过验收。

序号	问题分类	问题小类	违章级别	违章性质
9	风险评估	风险发布、风险管控	**黄色**	管理

典型项目	未按照要求开展电网风险评估，及时发布电网风险预警、落实有效的风险管控措施。

★ Ⅱ类严重违章

示意案例

各单位应按照要求开展电网风险评估，及时发布电网风险预警、落实有效的风险管控措施

违反条款

· 国网公司《电网运行风险预警管控工作规范》第十六、二十二、二十八条。

总（分）部、省公司、地市公司应强化电网运行"年方式、月计划、周安排、日管控"，建立健全风险预警评估机制，为预警发布和管控提供科学依据。

Ⅱ类严重违章

序号	问题分类	问题小类	违章级别	违章性质
10	项目管理	职责划分、职责履行	**黄色**	管理
典型项目	特高压换流站工程启动调试阶段，建设、施工、运维等单位责任界面不清晰，设备主人不明确，预试、交接、验收等环节工作未履行。			

★ Ⅱ类严重违章

示意案例

特高压换流站工程启动调试阶段，建设、施工、运维等单位应将清责任界面

违反条款

· 《特高压换流站工程现场安全管理职责分工》；
· 《进一步加强换流站建设调试阶段现场安全管控相关措施》（设备直流〔2021〕85号）。

验收完成至投运阶段起于设备完成交接验收，止于试运行结束后系统投运，包括调试、试运行及运行后的停电消缺。建设单位全面负责现场的安全管控，全面负责调试配合、缺陷处理和应急处置；运维单位履行运行管理工作职责，承担调试及试运行设备监盘、操作、巡视、检修计划提报、工作票许可等运行职责。

II类严重违章

序号	问题分类	问题小类	违章级别	违章性质
11	安全技术措施不规范	带电作业防护	**黄色**	管理

典型项目	约时停、送电；带电作业约时停用或恢复重合闸。

★ II类严重违章

示意案例

禁止约时停、送电

违反条款

· 配电规程 第3.4.11和9.2.5条；
· 变电规程 第8.1和9.1.7条；
· 线路规程 第5.4.5和13.1.7条。

线路的停、送电均应按照值班调控人员或线路工作许可人的指令执行。禁止约时停、送电。应停用重合闸或直流线路再启动功能，并不准强送电，禁止约时停用或恢复重合闸或直流线路再启动功能。

序号	问题分类	问题小类	违章级别	违章性质
12	隐患排查	隐患排查	黄色	管理

典型项目	未按要求开展网络安全等级保护定级、备案和测评工作。

Ⅱ类严重违章

★ Ⅱ类严重违章

 示意案例

各单位应按要求开展网络安全等级保护定级、备案和测评工作

违反条款

· 《国家电网有限公司十八项电网重大反事故措施（简称十八项反措）16.2.3.1、16.3.3.14、16.5.3.1。

电力监控系统应在投入运行后30日内办理等级保护备案手续。已投入运行的电力监控系统，应按照相关要求定期开展等级保护测评及安全防护评估工作。针对测评、评估发现的问题，应及时完成整改。

加强通信网管系统运行管理，落实数据备份、病毒防范和网络安全防护工作，定期开展网络安全等级保护定级备案和测评工作，及时整改测评中发现的安全隐患。

系统上线运行一个月内，由信息化管理部门和相关业务部门根据国家网络安全等级保护有关要求，进行网络安全等级保护备案，组织国家或电力行业认可的队伍开展等级保护符合性测评。二级系统每两年至少进行一次等级测评，三级系统和四级系统每年至少进行一次等级测评。当系统发生重大升级、变更或迁移后需立即进行测评。相关业务部门要会同信息化管理部门对等级保护测评中发现的安全隐患进行整改。在运信息系统应向公司总部备案，未备案的信息系统严禁接入公司信息内外网运行。

序号	问题分类	问题小类	违章级别	违章性质
13	二次安全措施不落实	网络安全	黄色	管理

典型项目 电力监控系统中横纵向网络边界防护设备缺失。

★ II类严重违章

 示意案例

电力监控系统中横纵向网络边界防护设备不得缺失

违反条款

· 《国家电网公司电力安全工作规程（电力监控部分）（试行）》（简称电力监控规程）第5.4条。

禁止除专用横向单向物理隔离装置外的其他设备跨接生产控制大区和管理信息大区。

序号	问题分类	问题小类	违章级别	违章性质
14	特种设备使用不规范	索道	黄色	行为
典型项目	货运索道载人。			

 示意案例

★ Ⅱ类严重违章

货运索道严禁载人

违反条款

· 电力建设规程（2 线路）第 9.5.14 条。

索道不得超载使用，不得载人。

Ⅱ类严重违章

序号	问题分类	问题小类	违章级别	违章性质
15	特种设备使用不规范	吊车	黄色	行为

典型项目	超允许起重量起吊。

★ Ⅱ类严重违章

违章案例

超允许起重量起吊

违反条款

· 电力建设规程（1变电）第7.3.14条；
· 电力建设规程（2线路）第7.2.14条；
· 水电厂动力规程 第14.1.5条；
· DL/T 5370《水电水利工程施工通用安全技术规程》第7.5.18条。

操作人员应按规定的起重作业，不得超载。

序号	问题分类	问题小类	违章级别	违章性质
16	安全组织措施不落实	施工方案	**黄色**	行为
典型项目	采用正装法组立超过 30m 的悬浮抱杆。			

Ⅱ类严重违章

★ Ⅱ类严重违章

示意案例

组立超过 30m 的抱杆，禁止使用正装法

违反条款

· 电力建设规程（2 线路）第 11.7.8 条；
· 国网公司《防治安全事故重复发生实施输变电工程施工安全强制措施的通知》"五禁止"。

组立超过 30m 的抱杆，禁止使用正装法。

序号	问题分类	问题小类	违章级别	违章性质
17	安全组织措施不落实	施工方案	黄色	行为

典型项目 紧断线平移导线挂线作业未采取交替平移子导线的方式。

★ Ⅱ类严重违章

示意案例

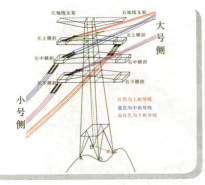

紧断线平移导线挂线作业应采取交替平移子导线的方式

违反条款

· 国网公司《防治安全事故重复发生实施输变电工程施工安全强制措施的通知》"五禁止"。

　　紧断线平移导线挂线，禁止不交替平移子导线。

Ⅱ类严重违章

序号	问题分类	问题小类	违章级别	违章性质
18	现场不安全行为	工作人员	黄色	管理、行为

典型项目	在带电设备附近作业前未计算校核安全距离；作业安全距离不够且未采取有效措施。

★ Ⅱ类严重违章

示意案例

在带电设备附近作业前应计算校核安全距离

违反条款

· 国网公司《防治安全事故重复发生实施输变电工程施工安全强制措施的通知》"三算"。

临近带电体作业安全距离必须经过计算校核。

Ⅱ类严重违章

序号	问题分类	问题小类	违章级别	违章性质
19	现场不安全行为	工作人员	**黄色**	行为

典型项目	乘坐船舶或水上作业超载，或不使用救生装备。

★ Ⅱ类严重违章

示意案例

乘坐船舶或水上作业不得超载，必须使用救生装备

违反条款

· 电力建设规程（2 线路）第 9.3.3 和 9.3.5 条；
· 电力建设规程（1 变电）第 9.2.1 和 9.2.3 条；
· 国网公司《防治安全事故重复发生实施输变电工程施工安全强制措施的通知》"五禁止"；
· 水电厂动力规程 第 14.5.4 和 14.5.7 条；
· DL/T 5370《水电水利工程施工通用安全技术规程》第 8.7.2 条。

用船舶接送作业人员应遵守下列规定
a) 不得超载超员。
b) 船上应配备合格齐备的救生设备。
c) 乘船人员应正确穿戴救生衣，掌握必要的安全常识，会熟练使用救生设备。

序号	问题分类	问题小类	违章级别	违章性质
20	安全技术措施不规范	接地	**黄色**	行为
典型项目	在电容性设备检修前未放电并接地，或结束后未充分放电；高压试验变更接线或试验结束时未将升压设备的高压部分放电、短路接地。			

★ Ⅱ类严重违章

示意案例

在电容性设备检修前应放电并接地，结束后充分放电

违反条款

- 配电规程 第 11.2.7、12.3.1、12.3.3 和 12.3.5 条；
- 变电规程 第 7.4.2、14.1.7 和 14.1.8 条；
- 线路规程 第 6.4.9、15.2.2.3、15.2.2.4 和 15.2.2.6 条；
- 电力建设规程（1 变电）第 11.12.5.1、11.12.5.3、11.12.5.6 和 11.12.5.7 条；
- 电力建设规程（2 线路）第 14.4.1 和 14.4.3 条。

电缆耐压试验前，应先对被试电缆充分放电，加压端应做好安全措施，防止人员误入试验场所。电缆试验过程需更换试验引线时，作业人员应先戴好绝缘手套对被试电缆充分放电。电缆耐压试验分相进行时，另两相电缆应可靠接地。电缆试验结束，应对被试电缆充分放电，并在被试电缆上加装临时接地线，待电缆终端引出线接通后方可拆除。

Ⅱ类严重违章

序号	问题分类	问题小类	违章级别	违章性质
21	安全技术措施不规范	措施	**黄色**	行为

典型项目	擅自开启高压开关柜门、检修小窗，擅自移动绝缘挡板。

★ Ⅱ类严重违章

示意案例

严禁擅自开启高压开关柜门、检修小窗，
严禁擅自移动绝缘挡板

违反条款

· 配电规程 第 2.1.8 条；
· 变电规程 第 7.5.4 条；
· 线路规程 第 7.1.5 条。

工作人员禁止擅自开启直接封闭带电部分的高压配电设备柜门、箱盖、封板等。

Ⅱ类严重违章

序号	问题分类	问题小类	违章级别	违章性质
22	现场不安全行为	工作人员	黄色	行为

典型项目	在带电设备周围使用钢卷尺、金属梯等禁止使用的工器具。

★ Ⅱ类严重违章

 ## 违章案例

在带电设备周围使用钢卷尺

 ## 违反条款

· 配电规程 第 7.3.6 条 7.3.7 条；
· 变电规程 第 16.1.8 和 16.1.10 条；
· 线路规程 第 16.1.4 和 16.1.6 条；
· 水电厂动力规程 第 15.6.22 条。

　　在带电设备周围禁止使用钢卷尺、皮卷尺和线尺（夹有金属丝者）进行测量工作。在变、配电站（开关站）的带电区域内或临近带电线路处，禁止使用金属梯子。

电力安全生产典型违章图册

Ⅱ类严重违章

序号	问题分类	问题小类	违章级别	违章性质
23	设备运维	倒闸操作	黄色	行为

典型项目	倒闸操作前不核对设备名称、编号、位置，不执行监护复诵制度或操作时漏项、跳项。

★ Ⅱ类严重违章

示意案例

倒闸操作前应核对设备名称、编号、位置，
并执行监护复诵制度，操作时严禁漏项、跳项

违反条款

· 配电规程 第
5.2.6 条；
· 变电规程 第
5.3.6.2 条；
· 线路规程 第
7.2.3 条；
· 水电厂动力
规程第 5.8.5 条。

　　现场开始操作前，应先在模拟图（或微机防误装置、微机监控装置）上进行核对性模拟预演，无误后，再进行操作。操作前应先核对系统方式、设备名称、编号和位置，操作中应认真执行监护复诵制度（单人操作时也应高声唱票），宜全过程录音。操作过程中应按操作票填写的顺序逐项操作。每操作完一步，应检查无误后做一个"√"记号，全部操作完毕后进行复查。

序号	问题分类	问题小类	违章级别	违章性质
24	设备运维	倒闸操作	黄色	行为

典型项目	倒闸操作中不按规定检查设备实际位置，不确认设备操作到位情况。

★ II类严重违章

 ## 示意案例

倒闸操作中应按规定检查设备实际位置，
应确认设备操作到位情况

违反条款

- 配电规程 第 5.2.6.7 条；
- 变电规程 第 5.3.6.6 条；
- 线路规程 第 7.2.3 条；
- 水电厂动力规程 第 5.8.5 条。

　　电气设备操作后的位置检查应以设备各相实际位置为准，无法看到实际位置时，可通过设备机械位置指示、电气指示、带电显示装置、仪表及各种遥测、遥信等信号的变化来判断。

序号	问题分类	问题小类	违章级别	违章性质
25	二次安全措施 不落实	措施	**黄色**	行为

典型项目	在继电保护屏上作业时，运行设备与检修设备无明显标志隔开，或在保护盘上或附近进行振动较大的工作时，未采取防掉闸的安全措施。

★ Ⅱ类严重违章

🗼 示意案例

在继电保护屏上作业时，运行设备与检修设备应用
明显标志隔开

 ## 违反条款

· 变电规程 第
13.8 和 13.9 条。

在全部或部分带电的运行屏（柜）上进行工作时，应将检修设备与运行设备前后以明显的标志隔开。在继电保护装置、安全自动装置及自动化监控系统屏（柜）上或附近进行打眼等振动较大的工作时，应采取防止运行中设备误动作的措施，必要时向调控中心申请，经值班调控人员或运维负责人同意，将保护暂时停用。进行打眼等振动较大的工作时，应采取防止运行中设备误动作的措施，必要时向调控中心申请，经值班调控人员或运维负责人同意，将保护暂时停用。

序号	问题分类	问题小类	违章级别	违章性质
26	设备运维	倒闸操作	黄色	行为

典型项目	防误闭锁装置功能不完善，未按要求投入运行。

★ II 类严重违章

 示意案例

防误闭锁装置功能应完善，应按要求投入运行

 违反条款

· 十八项反措 第4.1.2、4.1.6、4.2.1 和 12.4.1.1 条；
· 配电规程 第 2.2.3 条；
· 变电规程 第 5.3.5.3 条；
· 线路规程 第 12.1.10 条；
· 国网公司《防止电气误操作安全管理规定》第 3.4、4.3 条。

　　高压电气设备应安装完善的防误闭锁装置，装置的性能、质量、检修周期和维护等应符合防误装置技术标准规定。开关柜应选用 LSC2 类（具备运行连续性功能）、"五防"功能完备的产品。

Ⅱ类严重违章

序号	问题分类	问题小类	违章级别	违章性质
27	设备运维	倒闸操作	黄色	行为

典型项目	随意解除闭锁装置，或擅自使用解锁工具（钥匙）。

★ Ⅱ类严重违章

示意案例

工作人员严禁随意解除闭锁装置，或擅自使用解锁工具（钥匙）

违反条款

· 配电规程 第 5.2.6.8 条；
· 变电规程 第 5.3.6.5 条；
· 线路规程 第 12.1.10 条；
· 国网公司《防止电气误操作安全管理规定》第 3.4、4.3 条；
· 十八项反措 第 4.1.2、4.1.6、4.2.1 和 12.4.1.1 条。

解锁工具（钥匙）应封存保管，所有操作人员和检修人员禁止擅自使用解锁工具（钥匙）。

序号	问题分类	问题小类	违章级别	违章性质
28	二次安全措施不落实	工作人员	黄色	行为
典型项目	继电保护、直流控保、稳控装置等定值计算、调试错误，误动、误碰、误（漏）接线。			

 违章案例

★ Ⅱ类严重违章

误接二次线

 违反条款

·十八项反措施第 15.3、15.4、15.5 条。

应认真检查继电保护和安全自动装置、站端后台、调度端的各种保护动作、异常等相关信号是否齐全、准确、一致，是否符合设计和装置原理。

加强继电保护和安全自动装置运行维护工作，配置足够的备品、备件，缩短缺陷处理时间。装置检验应保质保量，严禁超期和漏项，应特别加强对新投产设备的首年全面校验，提高设备健康水平。

依据电网结构和继电保护配置情况，按相关规定进行继电保护的整定计算。

Ⅱ类严重违章

序号	问题分类	问题小类	违章级别	违章性质
29	特种设备使用不规范	斗臂车使用	黄色	行为

典型项目	在运行站内使用吊车、高空作业车、挖掘机等大型机械开展作业，未经设备运维单位批准即改变施工方案规定的工作内容、工作方式等。

★ Ⅱ类严重违章

示意案例

在运行站内使用吊车、高空作业车、挖掘机等大型机械开展作业，未经设备运维单位批准，不得改变施工方案规定的工作内容、工作方式等

违反条款

· 国网公司《输变电工程建设安全管理规定》第六十九、七十条。

全体作业人员应参加施工方案、安全技术措施交底，并按规定在交底书上签字确认。施工过程如需变更施工方案，应经措施审批人同意，监理项目部审核确认后重新交底。

公司工程施工作业应执行安全施工作业票制度。进入生产运行区域开展施工作业，必须执行公司关于工作票的相关安全规定。

Ⅱ类严重违章

序号	问题分类	问题小类	违章级别	违章性质
30	安全组织措施不落实	工作协调	黄色	管理
典型项目	两个及以上专业、单位参与的改造、扩建、检修等综合性作业，未成立由上级单位领导任组长，相关部门、单位参加的现场作业风险管控协调组；现场作业风险管控协调组未常驻现场督导和协调风险管控工作。			

★ Ⅱ类严重违章

示意案例

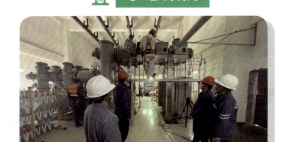

两个及以上专业、单位参与的改造、扩建、检修等综合性作业，应成立由上级单位领导任组长，相关部门、单位参加的现场作业风险管控协调组

违反条款

· 北京公司《关于加强风险管控工作的通知》（安监〔2022〕29号）。

在一个生产运行场所或区域实施的基改建工程和业务外包工程中，涉及多单位、多班组施工作业的，组织单位应提前成立现场临时协调机构，统一协调作业现场相关工作。临时协调机构应包含一名总协调人和各参建单位的协调人，总协调人应具备相应现场工作经验，熟悉现场设备运行方式，与施工人员"同进同出"做好各单位、各班组现场协调工作，避免出现工作交叉界面风险失控的情况。

安全准入

序号	问题分类	问题小类	违章级别	违章性质
31	安全准入	人员准入	**黄色**	管理

典型项目	取消工作负责人资格的外包单位关键岗位人员违规作业。

违章案例

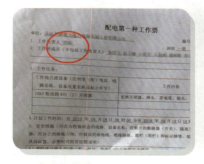 

已取消资格人员继续担任工作负责人

违反条款

· 北京公司《安全双准入管理规定》第十二、二十和二十六条。

结合工作现场安全情况、违章情况等，对准入人员的安全技能等级进行动态调整。人员分数不合格后取消准入资格。

序号	问题分类	问题小类	违章级别	违章性质
32	安全组织措施不落实	许可开工	黄色	行为

典型项目	工作许可人未履行许可手续。

违章案例

工作许可人未履行许可手续

违反条款

· 配电规程 第 3.4 条;
· 变电规程 第 6.4 条;
· 线路规程 第 5.4 条。

　　各工作许可人应在完成工作票所列由其负责的停电和装设接地线等安全措施后,方可发出许可工作的命令。

安全组织措施不落实

序号	问题分类	问题小类	违章级别	违章性质
33	安全组织措施不落实	工作终结	黄色	管理

典型项目	现场未完工，工作票已办理工作终结手续，APP 任务提前终结、监控提前关闭。

违章案例

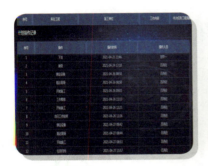 

现场未完工，工作票已经办理工作终结手续，APP 任务提前终结，
现场仍继续开展立杆工作

违反条款

· 国网公司《作业安全风险管控工作规定》第四十条；
· 配电规程 第 3.7.2 条；
· 变电规程 第 6.6.5 条；
· 线路规程 第 5.7 条。

工作地段所有由工作班自行装设的接地线拆除后，工作负责人应及时向相关工作许可人（含配合停电线路、设备许可人）报告工作终结。

序号	问题分类	问题小类	违章级别	违章性质
34	安全组织措施不落实	工作票	黄色	管理

典型项目	工作现场使用的工作票种类不正确（使用的工作票无法体现高低压停电等关键安全措施）。

违章案例

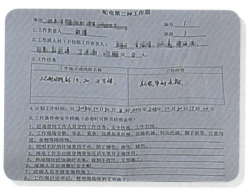

不需要高压停电的装表工作应使用低压工作票，
错使用配电第二种工作票

违反条款

- 配电规程 第3.3条；
- 变电规程 第6.3条；
- 线路规程 第5.3条；
- 营销规程 第6.3.6条。

填用配电第一种工作票的工作：配电工作，需要将高压线路、设备停电或做安全措施者。填用配电第二种工作票的工作：高压配电（相关场所或二次系统）工作，与邻近带电高压线路或设备的安全距离大于相关规程的规定，不需要将高压线路、设备停电或做安全措施者。

填用配电带电作业工作票的工作：高压配电带电作业。填用低压工作票的工作：低压配电工作，不需要将高压线路、设备停电或做安全措施者。

安全组织措施不落实

序号	问题分类	问题小类	违章级别	违章性质
35	安全组织措施不落实	工作票	**黄色**	管理

典型项目	第一种工作票上工作地点、设备调度号等关键内容填写错误。

违章案例

开关号填写错误，应为拉开 10kV 粉房路 X01-313 开关，错写为拉开 10kV 粉房路 X01-311 开关

违反条款

- 配电规程 第3.3.1.1、3.3.2和3.3.8.2条；
- 变电规程 第6.3.1、6.3.2和6.3.7.1条；
- 线路规程 第5.3.1、5.3.2和5.3.7.1条。

　　工作票票面上的时间、工作地点、线路名称、设备双重名称（即设备名称和编号）、动词等关键字不得涂改。若有个别错、漏字需要修改时，应使用规范的符号，字迹应清楚。

序号	问题分类	问题小类	违章级别	违章性质
36	安全组织措施不落实	工作负责人	黄色	行为

典型项目	工作负责人同时执行多张工作票。

违章案例

工作负责人同时执行多张工作票

违反条款

· 配电规程 第 3.3.9.7 条；
· 变电规程 第 6.3.8.1 条；
· 线路规程 第 5.3.8.2 条。

一个工作负责人不能同时执行多张工作票。

安全技术措施不规范

序号	问题分类	问题小类	违章级别	违章性质
37	安全技术措施不规范	接地	**黄色**	行为

典型项目	在 10kV 及以上线路、低压线路主干线等设备上作业，接地线挂在设备（绝缘导线等）的绝缘部分，接地线连接不牢固。

违章案例

接地线装在线路绝缘外皮上　　　　接地线连接不牢固脱落

违反条款

· 配电规程 第 4.4.5 和 4.4.9 条；
· 变电规程 第 7.4.8 和 7.4.9 条；
· 线路规程 第 6.4.5 和 6.4.6 条。

　　在配电线路和设备上，接地线的装设部位应是与检修线路和设备电气直接相连去除油漆或绝缘层的导电部分。装设的接地线应接触良好、连接可靠。

序号	问题分类	问题小类	违章级别	违章性质
38	安全技术措施不规范	标志牌	**黄色**	装置 / 行为
典型项目	变配电站与本次工作相关的现场模拟图板与实际设备不符，或作业前未倒图板。			

安全技术措施不规范

违章案例

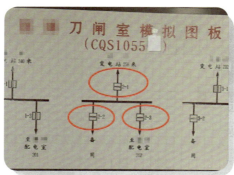

模拟图板与实际设备不符（缺少接地开关）

安全技术措施不规范

违章案例

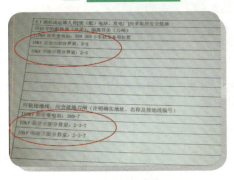

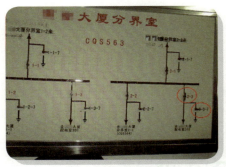

操作前未倒模拟图板

违反条款

· 配电规程 第5.2.3.1条;
· 变电规程 第5.3.5.1条;
· 线路规程 第7.2.2 和
7.2.3 条。

　　倒闸操作前，应按操作票顺序在模拟图或接线图上预演核对无误后执行。

序号	问题分类	问题小类	违章级别	违章性质
39	防护用具使用不规范	带电作业防护	黄色	行为

典型项目	配电带电断接引流线未佩戴护目镜，或佩戴的护目镜不合规。

违章案例

带电作业未戴护目镜

违反条款

· 配电规程 第 9.3.6 条。

　　带电断、接空载线路时，作业人员应戴护目镜，并采取消弧措施。

防护用具使用不规范

序号	问题分类	问题小类	违章级别	违章性质
40	防护用具使用不规范	登高器具	黄色	行为

典型项目	临近带电设备上下传递工具、材料未使用绝缘绳索。

违章案例

临近带电设备上下传递工具、材料未使用绝缘绳索

违反条款

· 配电规程 第 17.1.5 条；
· 变电规程 第 9.3.7 条；
· 线路规程 第 13.3.7 条。

上下传递材料、工器具应使用绳索；临近带电线路作业的，要使用绝缘绳索传递，较大的工具应用绳拴在牢固的构件上。

特种设备使用不规范

序号	问题分类	问题小类	违章级别	违章性质
41	特种设备使用不规范	斗臂车使用	黄色	行为
典型项目	带电作业绝缘斗臂车支撑不稳固，在松软地面作业未使用支腿垫板，斗臂车未接地。			

违章案例

绝缘斗臂车支撑不稳固

违反条款

· 配电规程 第 9.7 条；
· 变电规程 第 9.9 条；
· 线路规程 第 13.7 条。

　　绝缘斗臂车应选择适当的工作位置，支撑应稳固可靠；机身倾斜度不得超过制造厂的规定，必要时应有防倾覆措施。

特种设备使用不规范

序号	问题分类	问题小类	违章级别	违章性质
42	特种设备使用不规范	吊车	黄色	行为

典型项目	临近带电设备吊车未接地。

违章案例

临近带电线路吊车未接地

违反条款

· 配电规程 第 16.2.9 条；
· 变电规程 第 17.2.3.1 条。

在带电设备区域内使用起重机等起重设备时，应安装接地线并可靠接地，接地线应用多股软铜线，其截面不得小于 16mm²。

序号	问题分类	问题小类	违章级别	违章性质
43	特种设备使用不规范	吊车	黄色	行为
典型项目	起吊物没有绑扎牢固。			

特种设备使用不规范

违章案例

起吊物没有绑扎牢固

违反条款

· 配电规程 第 16.2.2 条；
· 变电规程 第 17.1.6 条；
· 线路规程 第 11.1.7 条。

　　起重物品应绑牢，吊钩要挂在物品的重心线上。

特种设备使用不规范

序号	问题分类	问题小类	违章级别	违章性质
44	特种设备使用不规范	吊车	**黄色**	行为

典型项目	吊车等特种车辆直接支撑在松软泥土地面，或支撑不平稳路面。

违章案例

吊车直接支撑在松软土地面

违反条款

· 配电规程 第 16.2.6 条；
· 变电规程 第 17.2.3.3 条；
· 线路规程 第 11.1.6 条。

作业时，起重机应置于平坦、坚实的地面上，机身倾斜度不准超过制造厂的规定。不准在暗沟、地下管线等上面作业；不能避免时，应采取防护措施，不准超过暗沟、地下管线允许的承载力。

序号	问题分类	问题小类	违章级别	违章性质
45	特种设备使用不规范	吊车	黄色	行为

典型项目	使用断股截面超过 7% 的钢丝绳进行牵引作业；使用中的吊带边缘破损严重、露出内芯。

违章案例

吊带破损

违反条款

· 配电规程 第 14.2.7.1 和 14.2.8.3 条；
· 变电规程 第 17.3.1.3 和 17.3.4.4 条；
· 线路规程 第 14.2.9.3 和 14.2.10.4 条。

　　钢丝绳应定期浸油，遇有下列情况之一者应报废：钢丝绳的钢丝磨损或腐蚀达到钢丝绳实际直径比其公称直径减少 7% 或更多者；禁止使用外部护套破损显露出内芯的合成吊装带。

序号	问题分类	问题小类	违章级别	违章性质
46	特种设备使用不规范	跨越架	**黄色**	行为

典型项目	跨越架与被跨越电网设备距离不满足安全要求，被跨越物未遮护。

示意案例

跨越架与被跨越电网设备距离应满足安全要求，被跨越物应遮护

违反条款

· 线路规程 第 9.4.8 条；
· 电力建设规程（2 线路）第 13.2.10 c）条。

　　跨越架与被跨电力线路应不小于相关规程规定（10kV 及以下不小于 1m；35kV 不小于 2.5m，110kV 不小于 3m）的安全距离，否则应停电搭设。

序号	问题分类	问题小类	违章级别	违章性质
47	特种设备使用不规范	牵引作业	黄色	行为

典型项目	牵引设备及张力设备锚固不牢。

 示意案例

牵引设备及张力设备锚固应牢固

违反条款

· 配电规程 第 14.2.1.1 条;
· 电力建设规程（2 线路）第 8.2.13.1、8.2.15.2、12.3.7 和 12.6.7 条。

　　使用前应对设备的布置、锚固、接地装置以及机械系统进行全面的检查，并做运转试验。

特种设备使用不规范

序号	问题分类	问题小类	违章级别	违章性质
48	特种设备使用不规范	牵引作业	黄色	行为

典型项目	绞磨放置不平稳，锚固不可靠，受力前方有人，锚固绳应防滑动措施，未可靠接地。

违章案例

绞磨前方站人

违反条款

· 配电规程 第 14.2.1.1 条;
· 线路规程 第 14.2.1.1 条;
· 电力建设规程（2 线路）第 8.2.13.1 条。

　　绞磨应放置平稳，锚固应可靠，受力前方不得有人，锚固绳应有防滑动措施，并可靠接地。

有限空间措施不到位

序号	问题分类	问题小类	违章级别	违章性质
49	有限空间措施不到位	审批	**黄色**	行为

典型项目	有限空间作业未履行工作审批手续。

违章案例

有限空间作业未履行工作审批手续

违反条款

·北京公司《有限空间作业安全工作规定》第十三条。

凡进入有限空间场所进行安装、检修、巡视、检查等的作业单位，应填写《审批单》实施作业审批、现场许可手续。未经审批、许可手续，任何人不得进入有限空间内作业。

有限空间措施不到位

序号	问题分类	问题小类	违章级别	违章性质
50	有限空间措施不到位	审批	**黄色**	行为

典型项目 有限空间作业未履行工作许可手续。

违章案例

有限空间作业未履经许可手续擅自开工

违反条款

· 北京公司《有限空间作业安全工作规定》第十三条。

　　凡进入有限空间场所进行安装、检修、巡视、检查等的作业单位，应填写《审批单》实施作业审批、现场许可手续。未经审批、许可手续，任何人不得进入有限空间内作业。

序号	问题分类	问题小类	违章级别	违章性质
51	有限空间措施不到位	通风	黄色	行为

典型项目	电缆隧道只打开一个井口工作（单眼井除外）。

违章案例

电缆隧道只打开一个井口工作

违反条款

· 配电规程 第 12.2.3 条；
· 变电规程 第 15.2.1.11 条。

电缆井内工作时，禁止只打开一只井盖（单眼井除外）。

序号	问题分类	问题小类	违章级别	违章性质
52	有限空间措施不到位	检测	**黄色**	行为

典型项目 有限空间作业现场无气体检测记录。

 违章案例

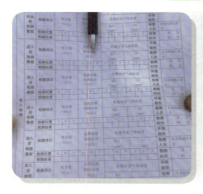

有限空间作业现场无气体检测记录

 违反条款

· 配电规程 第 12.2.2 和 12.2.3 条;
· 北京公司《有限空间作业安全工作规定》第十七条。

进入电缆井、电缆隧道前,应先用吹风机排除浊气,再用气体检测仪检查井内或隧道内的易燃易爆及有毒气体的含量是否超标,并做好记录。

序号	问题分类	问题小类	违章级别	违章性质
53	有限空间措施不到位	检测	**黄色**	行为
典型项目	作业过程中，作业面未使用气体检测仪持续检测。			

违章案例

作业人员未携带气体检测仪对作业面持续检测

违章案例

作业人员携带的气体检测仪未开启

违反条款

· 配电规程 第 12.2.3 条；
· 北京公司《有限空间作业安全工作规定》 第十九条。

作业人应携带便携式气体检测报警设备连续监测作业面气体浓度，并携带正压隔绝式（逃生）呼吸器等防护用品。

序号	问题分类	问题小类	违章级别	违章性质
54	有限空间措施不到位	检测	黄色	行为

典型项目	隧道内作业，距离超过 50m，未增设随身的携带气体检测仪。

违章案例

隧道内作业，距离超过 50m，未增设随身的携带气体检测仪

违反条款

· 北京公司《关于进一步规范有限空间作业安全管理的通知》第二项。

隧道内作业人员应携带气体检测仪（每组人员 1 台，作业人员在隧道内间距超过 50m 应增设气体检测仪）。

有限空间措施不到位

序号	问题分类	问题小类	违章级别	违章性质
55	有限空间措施不到位	应急救援	黄色	行为
典型项目	有限空间评估为一级环境，经机械通风降为二级或三级环境；或评估检测为二级，经机械通风降为三级环境；以及始终维持为二级环境时，未落实应急救援措施。			

违章案例

没开送风机

现场无正压式呼吸器

违反条款

· 北京公司《有限空间作业安全工作规定》附录七 第八条。

进入有限空间作业时，应做好防止中毒、高处坠落的个体防护措施。电缆隧道、管井外可架设三脚架，在不适宜架设三脚架的井口，应设置安全爬梯。作业人按规定穿戴全身式安全带，D 型环与安全绳相连，安全绳有牢固挂点（如三脚架金属挂点）。

序号	问题分类	问题小类	违章级别	违章性质
56	有限空间措施不到位	监护	黄色	行为
典型项目	有限空间作业专责监护人在井下有人作业过程中未在现场持续监护。			

违章案例

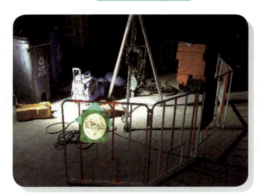

专责监护人未在有限空间作业现场持续监护

违反条款

· 配电规程 第 12.2.1.6 条;
· 北京公司《有限空间作业安全工作规定》第十六条。

有限空间作业现场应确定作业负责人、监护人和作业人,不得在没有监护人的情况下作业。

现场不安全行为

序号	问题分类	问题小类	违章级别	违章性质
57	现场不安全行为	工作人员	**黄色**	行为

典型项目	线路施工作业突然剪断导地线。

违章案例

采用突然剪断导线的做法松线

违反条款

· 配电规程 第 6.4.9 条;
· 线路规程 第 9.4.6 条。

禁止采用突然剪断导线的做法松线。

序号	问题分类	问题小类	违章级别	违章性质
58	现场不安全行为	工作人员	黄色	行为

典型项目	高处作业人员高空抛物。

违章案例

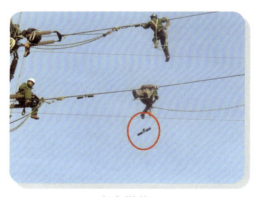

高空抛物

违反条款

· 配电规程 第 17.1.5 和 17.1.12 条；
· 变电规程 第 18.1.11 和 18.1.13 条；
· 线路规程 第 10.12 条。

　　高处作业应一律使用工具袋。较大的工具应用绳拴在牢固的构件上，工件、边角余料应放置在牢靠的地方或用铁丝扣牢并有防止坠落的措施，不准随便乱放，以防止从高空坠落发生事故。

现场不安全行为

序号	问题分类	问题小类	违章级别	违章性质
59	现场不安全行为	工作人员	**黄色**	行为

典型项目	杆上有人作业时剪断、拆除拉线，或在拉线受力状态下调整拉线。

 违章案例

杆上有人作业时调整拉线

 违反条款

· 配电规程 第 6.3.14 条；
· 线路规程 第 9.3.15 条。

杆塔上有人时，禁止调整或拆除拉线。

序号	问题分类	问题小类	违章级别	违章性质
60	现场不安全行为	工作人员	黄色	管理

典型项目	5级及以上大风及暴雨、雷电、冰雹、大雾、沙尘等恶劣天气进行露天高处作业。

示意案例

5级及以上大风及暴雨、雷电、冰雹、大雾、沙尘等恶劣天气严禁进行露天高处作业

违反条款

· 配电规程 第 17.1.9 条；
· 变电规程 第 18.1.16 条；
· 线路规程 第 10.17 条。

在5级及以上的大风以及暴雨、雷电、冰雹、大雾、沙尘暴等恶劣天气下，应停止露天高处作业。

现场不安全行为

序号	问题分类	问题小类	违章级别	违章性质
61	现场不安全行为	工作人员	黄色	行为

典型项目	作业人员借助绳索、拉线上下杆塔或顺杆下滑等。

违章案例

现场作业人员下杆时失去保护

违反条款

· 配电规程 第 6.2.2 条;
· 线路规程 第 9.2.2 条。

　　杆塔作业应禁止利用绳索、拉线上下杆塔或顺杆下滑。

序号	问题分类	问题小类	违章级别	违章性质
62	二次安全措施不落实	二次安全措施票	黄色	行为
典型项目	在运行设备的二次回路上进行拆、接线工作不填用二次工作安全措施票。			

违章案例

未填用二次工作安全措施票

违反条款

· 变电规程 第 13.3 条;
· 北京公司《工作票填写执行规范》第十四章。

检修中遇有下列情况应填用二次工作安全措施票: 1) 在运行设备的二次回路上进行拆、接线工作; 2) 在对检修设备执行隔离措施时,需拆断、短接和恢复同运行设备有联系的二次回路工作。

二次安全措施不落实

序号	问题分类	问题小类	违章级别	违章性质
63	二次安全措施不落实	二次安全措施票	黄色	行为

典型项目	在对检修设备执行隔离措施时，需拆断、短接、恢复同运行设备有联系的二次回路工作，未填用二次工作安全措施票。

违章案例

未填用二次工作安全措施票

违反条款

· 变电规程 第 13.3 条；
· 北京公司《工作票填写执行规范》第十四章。

　　检修中遇有下列情况应填用二次工作安全措施票：1) 在运行设备的二次回路上进行拆、接线工作；2) 在对检修设备执行隔离措施时，需拆断、短接和恢复同运行设备有联系的二次回路工作。

序号	问题分类	问题小类	违章级别	违章性质
64	二次安全措施不落实	措施	黄色	行为
典型项目	短路电流互感器二次绕组，未使用短路片或短路线，用导线缠绕。			

 违章案例

短路电流互感器二次绕组未使用短路片或短路线

 违反条款

· 配电规程 第 10.2.2 条；
· 变电规程 第 13.13 条。

　　在带电的电流互感器二次回路上工作，应采取措施防止电流互感器二次侧开路。短路电流互感器二次绕组，应使用短路片或短路线，禁止用导线缠绕。

序号	问题分类	问题小类	违章级别	违章性质
65	二次安全措施不落实	措施	黄色	行为

典型项目	工作过程中，没有依据二次安全措施票的内容操作。

 违章案例

 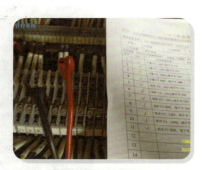

未执行二次安全措施票，现场已开始保护传动工作

违反条款

· 变电规程 第 13.13 和 13.14 条；
· 北京公司《工作票填写执行规范》第十四条。

　　二次工作安全措施票的工作内容及安全措施内容由工作负责人填写，由技术人员或班长审核并签发；监护人由技术经验水平较高及有经验的人担任，执行人、恢复人由工作班成员担任，按二次工作安全措施票的顺序进行，并在"执行"栏或"恢复"栏应打"√"确认。

·安全风险高、易造成安全事故（事件）的管理违章
　和行为违章（国家电网公司Ⅲ类严重违章）；
·除红色、黄色违章通知单以外的其他违章。

蓝色违章问题

III类严重违章

序号	问题分类	问题小类	违章级别	违章性质
1	安全准入	企业准入	蓝色	管理

典型项目	承包单位将其承包的工程分包给个人；施工总承包单位或专业承包单位将工程分包给不具备相应资质单位。

★ III类严重违章

示意案例

承包单位不得将其承包的工程分包给个人；施工总承包单位或专业承包单位不得将工程分包给不具备相应资质单位

违反条款

·《住房和城乡建设部建筑工程施工发包与承包违法行为认定查处管理办法》（建市规〔2019〕1号）第十二条。

存在下列情形之一的，属于违法分包：

（一）承包单位将其承包的工程分包给个人的；

（二）施工总承包单位或专业承包单位将工程分包给不具备相应资质单位的。

Ⅲ类严重违章

序号	问题分类	问题小类	违章级别	违章性质
2	安全准入	企业准入	蓝色	管理

典型项目	施工总承包单位将施工总承包合同范围内工程主体结构的施工分包给其他单位；专业分包单位将其承包的专业工程中非劳务作业部分再分包；劳务分包单位将其承包的劳务再分包。

★ Ⅲ类严重违章

示意案例

施工总承包单位不得将施工总承包合同范围内工程主体结构的施工分包给其他单位；专业分包单位不得将其承包的专业工程中非劳务作业部分再分包；劳务分包单位不得将其承包的劳务再分包

违反条款

· 《住房和城乡建设部建筑工程施工发包与承包违法行为认定查处管理办法》（建市规〔2019〕1号）第十二条；
· 国网公司《业务外包安全监督管理办法》第二十三、第二十四条。

建设工程施工类外包的承包合同，应明确承包单位需自行完成的主体工程或关键性工作，禁止承包单位将主体工程或关键性工作违规分包。

劳务外包或劳务分包的承包合同，应明确承包单位需自行完成劳务作业，承包单位不得再次外包。

Ⅲ类严重违章

序号	问题分类	问题小类	违章级别	违章性质
3	安全准入	企业准入	蓝色	管理

典型项目	承发包双方未依法签订安全协议,未明确双方应承担的安全责任。

★ Ⅲ类严重违章

 示意案例

承发包双方应依法签订安全协议,明确双方应承担的安全责任

违反条款

· 国网公司《输变电工程建设安全管理规定》第二十八条;
· 国网公司《业务外包安全监督管理办法》第二十一条;
· 国网公司《水电工程建设安全管理办法》第七条。

外包项目确定承包单位后,发包单位应与承包单位依法签订承包合同及安全协议。安全协议中应具体规定发包单位和承包单位各自应承担的安全责任和评价考核条款,由发包单位安监部门审查。

序号	问题分类	问题小类	违章级别	违章性质
4	风险评估	风险发布、风险管控	蓝色	管理

典型项目	将高风险作业定级为低风险。

Ⅲ类严重违章

★ Ⅲ类严重违章

示意案例

作业风险定级应准确

 违反条款

· 国网公司《作业安全风险管控工作规定》第二十二、二十三、四十三条。

作业风险根据不同类型工作可预见安全风险的可能性、后果严重程度，从高到低分为一到五级。作业风险定级应以每日作业计划为单元进行，同一作业计划（日）内包含多个工序、不同等级风险工作时，按就高原则确定。

Ⅲ类严重违章

序号	问题分类	问题小类	违章级别	违章性质
5	特种设备使用不规范	跨越架	蓝色	管理
典型项目	跨越带电线路展放导（地）线作业，跨越架、封网等安全措施均未采取。			

★ Ⅲ类严重违章

违章案例

下跨运行线路放线，未采取搭设跨越架等防护措施

违反条款

·配电规程 第 6.4.10 条；
·DL/T 5301《架空输电线路无跨越架不停电跨越架线施工工艺导则》3.0.1、3.0.5、"4 施工工艺流程""5 无跨越架跨越系统"。

　　采用以旧线带新线的方式施工，应检查确认旧导线完好牢固；若放线通道中有带电线路和带电设备，应与之保持安全距离，无法保证安全距离时应采取搭设跨越架等措施或停电。

序号	问题分类	问题小类	违章级别	违章性质
6	设备运维	危化品管理	蓝色	管理

典型项目	违规使用没有"一书一签"（化学品安全技术说明书、化学品安全标签）的危险化学品。

★ III类严重违章

示意案例

不得违规使用没有"一书一签"的危险化学品

违反条款

· 国网公司《危险化学品安全管理办法》第十四条。

　　危险化学品单位在采购或接受危险化学品入库时应向供应方索要安全技术说明书，检查危险化学品包装上是否有安全标签，禁止购买或接收无"一书一签"的危险化学品。

Ⅲ类严重违章

序号	问题分类	问题小类	违章级别	违章性质
7	设备运维	设备运维	蓝色	管理

典型项目	现场规程没有每年进行一次复查、修订并书面通知有关人员；不需修订的情况下，未由复查人、审核人、批准人签署"可以继续执行"的书面文件并通知有关人员。

★ Ⅲ类严重违章

示意案例

现场规程应每年进行一次复查、修订并书面通知有关人员

违反条款

·《国家电网公司安全工作规定》第二十八条。

每年应对现场规程进行一次复查、修订，并书面通知有关人员；不需修订的，也应出具经复查人、审核人、批准人签名的"可以继续执行"的书面文件，并通知有关人员。

序号	问题分类	问题小类	违章级别	违章性质
8	安全准入	人员准入	蓝色	管理

典型项目	现场作业人员未经安全准入考试并合格；新进、转岗和离岗 3 个月以上电气作业人员，未经专门安全教育培训，并经考试合格上岗。

★ Ⅲ类严重违章

违章案例

未经安全准入考试合格人员进场工作

违反条款

· 配电规程 第 2.1.9 条；
· 变电规程 第 4.4.2 条；
· 线路规程 第 4.4.2 条；
· 营销规程 第 4.6.3 和 5.1.6 条；
· 电力建设规程（1 变电）第 5.2.2 和 5.2.3 条；
· 电力建设规程（2 线路）第 5.2.2 和 5.2.3 条；
· 水电厂动力规程 第 4.3 条；
· 北京公司《安全双准入管理规定》第十四条；
· 《安全生产法》第二十八条。

承揽公司改造施工、检修作业或其他公司（含集体企业）组织实施工程的外包单位，一般作业人员也应经过公司统一组织的安全规程考试合格，方可参与现场作业。作业人员对本规程应每年考试一次。因故间断电气工作连续三个月及以上者，应重新学习本规程，并经考试合格后，方可恢复工作。

III类严重违章

序号	问题分类	问题小类	违章级别	违章性质
9	安全准入	人员准入	蓝色	管理

典型项目	不具备"三种人"资格的人员担任工作票签发人、工作负责人或许可人。

★ III类严重违章

违章案例

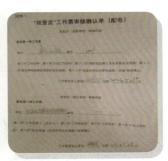

施工单位签发人不具备工作票签发人资格

违反条款

· 配电规程 第 3.3.11.1、3.3.11.2 和 3.3.11.3 条；
· 线路规程 第 5.3.10.1 和 5.3.10.2 条；
· 变电规程 第 6.3.10.1、6.3.10.2 和 6.3.10.3 条；
· 电力建设规程（1变电）第5.3.3.4 条；
· 电力建设规程（2线路）第5.3.3.4 条；
· 水电厂动力规程 第 5.3.9 条。

工作票签发人应由熟悉人员技术水平、熟悉配电网络接线方式、熟悉设备情况、熟悉本规程，并具有相关工作经验的生产领导、技术人员或经本单位批准的人员担任，名单应公布。工作负责人应由有本专业工作经验、熟悉工作范围内的设备情况、熟悉本规程，并经工区（车间，下同）批准的人员担任，名单应公布。工作许可人应由熟悉配电网络接线方式、熟悉工作范围内的设备情况、熟悉本规程，并经工区批准的人员担任，名单应公布。

序号	问题分类	问题小类	违章级别	违章性质
10	特种设备使用不规范	特种作业证	蓝色	管理
典型项目	特种设备作业人员、特种作业人员、危险化学品从业人员未依法取得资格证书。			

Ⅲ类严重违章

★ Ⅲ类严重违章

违章案例

电气焊作业人员无特种作业证

有限空间作业专责监护人无特种作业证

违反条款

· 国网公司《特种设备安全管理办法》第十四条；
· 国网公司《危险化学品安全管理办法》第十七条；
· 水电厂动力规程 第 4.3 条
· 《安全生产法》第三十条；
· 《建设工程安全生产管理条例》（国务院令 393）第二十五条。

　　生产经营单位的特种作业人员必须按照国家有关规定经专门的安全作业培训，取得相应资格，方可上岗作业。

　　危险化学品单位应保证从业人员具备必要的安全生产知识、安全操作技能及应急处置能力。对有资格要求的岗位，应依法取得相应资格，方可上岗作业。

Ⅲ类严重违章

序号	问题分类	问题小类	违章级别	违章性质
11	特种设备使用不规范	特种设备	蓝色	管理

典型项目	特种设备未依法取得使用登记证书、未经定期检验或检验不合格。

★ Ⅲ类严重违章

违章案例

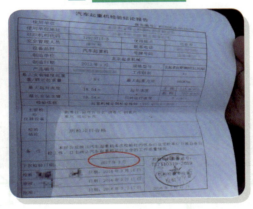

2018 年 4 月使用的吊车检验报告过期

 违反条款

· 国网公司《特种设备安全管理办法》第三十八、五十一条;
· 水电厂动力规程第 7.1.18 条。

特种设备使用单位应在特种设备投入使用前或投入使用后 30 日内,向当地负责特种设备安全监督管理的部门办理使用登记,取得使用登记证书。应按照特种设备安全技术规范的定期检验要求,于每年年底前由特种设备专业管理部门制定下一年度特种设备检验检测计划,并组织实施。

序号	问题分类	问题小类	违章级别	违章性质
12	防护用具使用不规范	机具材料	蓝色	管理

典型项目	自制施工工器具未经检测试验合格。

★ Ⅲ类严重违章

违章案例

使用未经检验的自制工具近电作业

违反条款

- 配电规程 第 14.1.7 和 14.6.2.2 条；
- 变电规程 附录 J；
- 线路规程 第 14.1.2 和 14.4.3.2 条；
- 电力建设规程（1 变电）第 8.2.1.5 条；
- 电力建设规程（2 线路）第 8.2.1.5 条。

　　自制或改装和主要部件更换或检修后的机具，应按 DL/T 875 的规定进行试验，经鉴定合格后方可使用。

序号	问题分类	问题小类	违章级别	违章性质
13	设备运维	设备运维	蓝色	管理

典型项目	金属封闭式开关设备未按照国家、行业标准设计制造压力释放通道。

★ Ⅲ类严重违章

示意案例

金属封闭式开关设备应按照国家、行业标准设计制造压力释放通道

违反条款

· 十八项反措 第 12.4.1.5 和 12.4.2.2 条。

开关柜各高压隔室均应设有泄压通道或压力释放装置。

序号	问题分类	问题小类	违章级别	违章性质
14	设备运维	设备运维	蓝色	管理

典型项目	设备无双重名称，或名称及编号不唯一、不正确、不清晰。

★ Ⅲ类严重违章

示意案例

设备应有双重名称，名称及编号唯一、正确、清晰

违反条款

· 配电规程 第 5.2.4.1 条；
· 变电规程 第 5.3.1 条；
· 线路规程 第 7.2.2 条；
· 水电厂动力规程 第 5.8.4 条。

　　倒闸操作应根据值班调控人员或运维人员的指令，受令人复诵无误后执行。发布指令应准确、清晰，使用规范的调度术语和线路名称、设备双重名称。

Ⅲ类严重违章

序号	问题分类	问题小类	违章级别	违章性质
15	设备运维	设备运维	蓝色	管理

典型项目	高压配电装置带电部分对地距离不满足且未采取措施。

★ Ⅲ类严重违章

示意案例

高压配电装置带电部分应满足对地距离

违反条款

· 配电规程 第2.3.6条。

配电站、开闭所户外高压配电线路、设备的裸露部分在跨越人行过道或作业区时，若导电部分对地高度分别小于2.7m、2.8m，该裸露部分底部和两侧应装设护网。户内高压配电设备的裸露导电部分对地高度小于2.5m时，该裸露部分底部和两侧应装设护网。

序号	问题分类	问题小类	违章级别	违章性质
16	设备运维	危化品管理	蓝色	管理

典型项目	电化学储能电站电池管理系统、消防灭火系统、可燃气体报警装置、通风装置未达到设计要求或故障失效。

★ Ⅲ类严重违章

示意案例

电化学储能电站电池管理系统、消防灭火系统、可燃气体报警装置、通风装置应达到设计要求，避免故障失效

违反条款

· 十八项反措 第 8.1.1.4、13.2.1.8、16.4.1.5、18.1.2.2 和 18.1.2.4 条。

火灾自动报警、固定灭火、防烟排烟等各类消防系统及灭火器等各类消防器材，应根据相关规范定期进行巡查、检测、检修、保养，并做好检查维保记录，确保消防设施正常运行。

III类严重违章

序号	问题分类	问题小类	违章级别	违章性质
17	二次安全措施不落实	网络安全	蓝色	管理

典型项目	网络边界未按要求部署安全防护设备并定期进行特征库升级。

★ III类严重违章

示意案例

网络边界应按要求部署安全防护设备并定期进行特征库升级

违反条款

· 十八项反措　第16.5.3.6条;
· 信息规程 第 2.3.1 条。

网络边界应按照安全防护要求部署安全防护设备，并定期进行特征库升级，及时调整安全防护策略，强化日常巡检、运行监测、安全审计，保持网络安全防护措施的有效性，按照规定留存相关的网络安全日志不少于六个月。

序号	问题分类	问题小类	违章级别	违章性质
18	土建施工措施不规范	边坡防护	蓝色	管理、行为
典型项目	高边坡施工未按要求设置安全防护设施；对不良地质构造的高边坡，未按设计要求采取锚喷或加固等支护措施。			

Ⅲ类严重违章

★ Ⅲ类严重违章

违章案例

高边坡未采取支护措施

违反条款

· 电力建设规程（1 变电）第 10.1.1.9 条；
· DL/T 5371《水利水电工程土建施工安全技术规程》第 4.4.5 和 4.4.7 条；
· 电力建设规程（2 线路）第 10.1.3.4 条。

开挖边坡值应满足设计要求。

Ⅲ类严重违章

序号	问题分类	问题小类	违章级别	违章性质
19	现场不安全行为	工作人员	蓝色	管理、行为
典型项目	平衡挂线时，在同一相邻耐张段的同相导线上进行其他作业。			

★ Ⅲ类严重违章

示意案例

平衡挂线时，
不得在同一相邻耐张段的同相导线上进行其他作业

违反条款

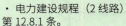

· 电力建设规程（2 线路）第 12.8.1 条。

平衡挂线时，不得在同一相邻耐张段的同相（极）导线上进行其他作业。

Ⅲ类严重违章

序号	问题分类	问题小类	违章级别	违章性质
20	设备运维	倒闸操作	蓝色	管理、行为

典型项目	未经批准，擅自将自动灭火装置、火灾自动报警装置退出运行。

★ Ⅲ类严重违章

 示意案例

 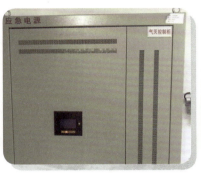

不得擅自将自动灭火装置、火灾自动报警装置退出运行

 违反条款

· 《消防法》第六十条。

　　损坏、挪用或者擅自拆除、停用消防设施、器材的责令改正。

Ⅲ类严重违章

序号	问题分类	问题小类	违章级别	违章性质
21	安全组织措施不落实	工作票	蓝色	行为

典型项目	票面（包括作业票、工作票及分票、动火票等）缺少工作负责人、工作班成员签字等关键内容。

★ Ⅲ类严重违章

违章案例

票面缺少工作负责人

违反条款

· 配电规程 第 3.4.9、3.5.1 条；
· 变电规程 第 6.4.1、6.5.1 条及附录；
· 线路规程 第 5.4.3、5.5.1 条及附录；
· 电力建设规程（2 线路）第 5.3.3.2 条；
· 水电厂动力规程 第 5.4.2、5.5.1 条；
· 国家公司《水电工程施工安全风险识别、评估及预控措施管理办法》第十六条。

　　工作负责人应检查工作票所列安全措施是否正确完备，是否符合现场实际条件，必要时予以补充完善。

序号	问题分类	问题小类	违章级别	违章性质
22	安全组织措施不落实	施工方案	蓝色	行为
典型项目	重要工序、关键环节作业未按施工方案或规定程序开展作业；作业人员未经批准擅自改变已设置的安全措施。			

★ III类严重违章

违章案例

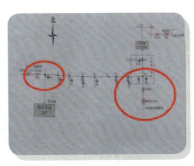

工作人员擅自变更工作票中指定的接地线位置

违反条款

- 配电规程 第3.4.10和4.5.14条；
- 变电规程 第6.4.2和7.5.8条；
- 线路规程 第6.6.4条；
- 营销规程 第11.3.5条；
- 电力建设规程（1变电）第12.3.3.6条；
- 电力建设规程（2线路）第6.1.3条；
- 《电力建设工程施工安全管理导则》第12.4.10条。

工作负责人、工作许可人任何一方不得擅自变更运行接线方式和安全措施，工作中若有特殊情况需要变更时，应先取得对方同意，并及时恢复，变更情况应及时记录在值班日志或工作票上。

III类严重违章

Ⅲ类严重违章

序号	问题分类	问题小类	违章级别	违章性质
23	特种设备使用不规范	索道	蓝色	行为

典型项目	货运索道超载使用。

★ Ⅲ类严重违章

示意案例

货运索道严禁超载使用

违反条款

· 电力建设规程（2 线路）第 9.5.14 条；
· DL/T 5370《水电水利工程施工通用安全技术规程》第 8.4.1 条。

索道不得超载使用，不得载人。

序号	问题分类	问题小类	违章级别	违章性质
24	现场不安全行为	工作人员	蓝色	行为

典型项目	作业人员擅自穿、跨越安全围栏、安全警戒线。

Ⅲ类严重违章

 违章案例

★ Ⅲ类严重违章

作业人员跨越围栏

 违反条款

· 配电规程 第 4.5.13 条;
· 变电规程 第 7.5.5 条;
· 线路规程 第 7.1.5 条;
· 营销规程 第 7.5.2 和 11.3.5 条;
· 水电厂动力规程 第 6.6.5 条。

禁止越过遮栏（围栏）。

III类严重违章

序号	问题分类	问题小类	违章级别	违章性质
25	特种设备使用不规范	吊车	蓝色	行为

典型项目	起吊或牵引过程中，受力钢丝绳周围、上下方、内角侧和起吊物下面，有人逗留或通过。

★ III类严重违章

违章案例

起重作业过程中，吊车吊臂下方有人

违反条款

· 配电规程 第 16.2.3 条；
· 变电规程 第 17.2.1.5 条；
· 线路规程 第 11.1.8 条；
· 电力建设规程（2 线路）第 8.1.1.6 条；
· 水电厂动力规程 第 14.2.1 s、14.2.6 g 条；
· DL/T 5370《水电水利工程施工通用安全技术规程》第 8.1.16 条。

在起吊、牵引过程中，受力钢丝绳的周围、上下方、转向滑车内角侧、吊臂和起吊物的下面，禁止有人逗留和通过。

序号	问题分类	问题小类	违章级别	违章性质
26	特种设备使用不规范	设备和工具	蓝色	行为

典型项目	使用金具 U 型环代替卸扣；使用普通材料的螺栓取代卸扣销轴。

Ⅲ类严重违章

★ Ⅲ类严重违章

 示意案例

不得使用金具 U 型环代替卸扣

不得使用普通材料的螺栓取代卸扣销轴

违反条款

- 变电规程 第 8.3.6.5 条；
- 线路规程 第 8.3.6.5 条；
- 水电厂动力规程 第 14.3.2 条；
- DL/T 5370《水电水利工程施工通用安全技术规程》第 8.2.6 条。

不得使用金具 U 型环代替卸扣，不得使用普通材料的螺栓取代卸扣销轴。

电力安全生产典型违章图册

序号	问题分类	问题小类	违章级别	违章性质
27	安全技术措施不规范	接地	蓝色	行为

典型项目	放线区段有跨越、平行输电线路时，导（地）线或牵引绳未采取接地措施。

★ III类严重违章

违章案例

放线区段有跨越输电线路，导线未采取接地措施（整改前后）

违反条款

· 电力建设规程（2 线路）第 12.10.3 和 12.10.4 条。

架线前，放线施工段内的杆塔应与接地装置连接，并确认接地装置符合设计要求。

序号	问题分类	问题小类	违章级别	违章性质
28	特种设备使用不规范	设备和工具	蓝色	行为

典型项目	耐张塔挂线前，未使用导体将耐张绝缘子串短接。

 **示意案例**

★ III类严重违章

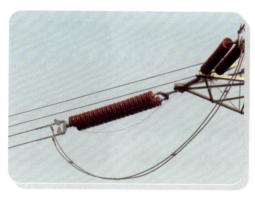

耐张塔挂线前，应使用导体将耐张绝缘子串短接

违反条款

· 电力建设规程（2 线路）第 12.10.4 条。

耐张塔挂线前，应用导体将耐张绝缘子串短接。

III类严重违章

Ⅲ类严重违章

序号	问题分类	问题小类	违章级别	违章性质
29	动火作业措施不规范	动火作业	蓝色	行为
典型项目	在易燃易爆或禁火区域携带火种、使用明火、吸烟；未采取防火等安全措施在易燃物品上方进行焊接，下方无监护人。			

★Ⅲ类严重违章

违章案例

焊接作业未设置专责监护人

作业人员在隧道内吸烟

违反条款

- 配电规程 第 15.1.3 条；
- 变电规程 第 16.5.3 条；
- 线路规程 第 16.5.3 条；
- 电力建设规程（2线路）第 6.1.6、7.3.1.9 和 7.3.1.12 条；
- 水电厂动力规程 第 5.7.10 g、16.1.6 条；
- 《消防法》第二十一条。

　　在重点防火部位、存放易燃易爆物品的场所附近及存有易燃物品的容器上焊接、切割时，应严格执行动火工作的有关规定，填用动火工作票，备有必要的消防器材。

序号	问题分类	问题小类	违章级别	违章性质
30	动火作业措施不规范	动火作业	蓝色	行为
典型项目	动火作业前，未将盛有或盛过易燃易爆等化学危险物品的容器、设备、管道等生产、储存装置与生产系统隔离，未清洗置换，未检测可燃气体（蒸气）含量，或可燃气体（蒸气）含量不合格即动火作业。			

★ III类严重违章

示意案例

动火作业前，应将盛有或盛过易燃易爆等化学危险物品的容器、设备、管道等生产、储存装置与生产系统隔离，应清洗置换，应检测可燃气体（蒸气）含量

违反条款

· 配电规程 第 15.2.11.4 条;
· 变电规程 第 16.6.10.4 条;
· 线路规程 第 16.6.10.4 条;
· 水电厂动力规程 第 5.7.10 d 条。

凡盛有或盛过易燃易爆等化学危险物品的容器、设备、管道等生产、储存装置，在动火作业前应将其与生产系统彻底隔离，并进行清洗置换，经分析合格后，方可动火作业。

Ⅲ类严重违章

序号	问题分类	问题小类	违章级别	违章性质
31	动火作业措施不规范	动火作业	蓝色	行为

典型项目	动火作业前，未清除动火现场及周围的易燃物品。

★ Ⅲ类严重违章

违章案例

动火作业现场未清理易燃物

违反条款

· 配电规程 第 15.2.11.5 条；
· 变电规程 第 16.6.10.5 条；
· 线路规程 第 16.6.10.5 条；
· 水电厂动力规程 第 5.7.10 i 条。

动火作业应有专人监护，动火作业前应清除动火现场及周围的易燃物品，或采取其他有效的安全防火措施，配备足够适用的消防器材。

序号	问题分类	问题小类	违章级别	违章性质
32	动火作业措施不规范	动火作业	蓝色	行为
典型项目	生产和施工场所未按规定配备消防器材或配备不合格的消防器材。			

Ⅲ类严重违章

违章案例

★ Ⅲ类严重违章

作业现场配备的灭火器压力不合格

违反条款

· 变电规程 第 16.3.3 条；
· 线路规程 第 16.3.3 条；
· 国网公司《消防安全监督检查工作规范》第 5.3 条；
·《电力设备典型消防规程》第 14.3.1、14.3.2 条。

　　消防器材的配备、使用、维护，消防通道的配置等应遵守 DL 5027 的规定。

III类严重违章

序号	问题分类	问题小类	违章级别	违章性质
33	设备运维	措施	蓝色	行为

典型项目	作业现场违规存放民用爆炸物品。

★ III类严重违章

示意案例

作业现场禁止违规存放民用爆炸物品

违反条款

· 国网公司《民用爆炸物品安全管理工作规范》第五十条。

严禁民用爆炸物品储存库、临时存放点超规定存放爆破器材。

序号	问题分类	问题小类	违章级别	违章性质
34	现场不安全行为	工作人员	蓝色	行为

典型项目	擅自倾倒、堆放、丢弃或遗撒危险化学品。

Ⅲ类严重违章

★ Ⅲ类严重违章

示意案例

  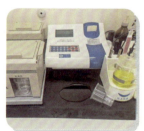

严禁擅自倾倒、堆放、丢弃或遗撒危险化学品

违反条款

· 国网公司《危险化学品安全管理办法》第四十六条。

对危险化学品废弃物进行无害化处理，并采取防扬散、防流失、防渗漏或者其他防止污染环境的措施，不得擅自倾倒、堆放、丢弃或遗撒。

Ⅲ类严重违章

序号	问题分类	问题小类	违章级别	违章性质
35	现场不安全行为	工作人员	蓝色	行为

典型项目	带负荷断、接引线。

★ Ⅲ类严重违章

违章案例

工作负责人在断、接引流线前，未确认后方负荷已断开

 ## 违反条款

· 配电规程 第 9.3.1 条；
· 变电规程 第 9.4.1 条；
· 线路规程 第 13.4.1 条。

禁止带负荷断、接引线。

序号	问题分类	问题小类	违章级别	违章性质
36	防护用具使用不规范	措施	蓝色	行为

典型项目	电力线路设备拆除后，带电部分未处理。

★ Ⅲ类严重违章

违章案例

电力线路设备拆除后，未处理带电部分

违反条款

· 配电规程 第 9.2.7 条；
· 电力建设规程（1 变电）第 6.5.4 条；
· 电力建设规程（2 线路）第 6.3.3 条。

对作业中可能触及的其他带电体及无法满足安全距离的接地体（导线支承件、金属紧固件、横担、拉线等）应采取绝缘遮蔽措施。

序号	问题分类	问题小类	违章级别	违章性质
37	二次安全措施不落实	措施	蓝色	行为
典型项目	在互感器二次回路上工作，未采取防止电流互感器二次回路开路，电压互感器二次回路短路的措施。			

★ Ⅲ类严重违章

 示意案例

在互感器二次回路上工作，应采取防止电流互感器二次回路开路，电压互感器二次回路短路的措施

违反条款

· 配电规程 第 10.2.2 和 10.2.3 条；
· 变电规程 第 13.13 和 13.14 条；
· 线路规程 第 12.3.2 条；
· 电力建设规程（1变电）第 11.14.4.4 条。

　　在带电的电流互感器二次回路上工作，应采取措施防止电流互感器二次侧开路。
　　在带电的电压互感器二次回路上工作，应采取措施防止电压互感器二次侧短路或接地。

序号	问题分类	问题小类	违章级别	违章性质
38	特种设备使用不规范	吊车	蓝色	行为

典型项目	起重作业无专人指挥。

Ⅲ类严重违章

★ Ⅲ类严重违章

违章案例

起重作业无专人指挥

违反条款

· 电力建设规程（1 变电）第 7.3.5 条；
· 电力建设规程（2 线路）第 7.2.5 条；
· 水电厂动力规程 第 14.1.4、14.1.6 条；
· DL/T 5370《水电水利工程施工通用安全技术规程》第 8.1.1 条。

起重作业应由专人指挥，明确分工。

III类严重违章

序号	问题分类	问题小类	违章级别	违章性质
39	安全组织措施不落实	工作许可	蓝色	行为

典型项目	高压业扩现场勘察未进行客户双签发；业扩报装设备未经验收，擅自接火送电。

★ III类严重违章

示意案例

高压业扩现场勘察应进行客户双签发，
业扩报装设备应经验收后接火送电

违反条款

· 国网公司《客户安全用电服务若干规定》；
· 营销规程 第 11.1 和 13.5.1 条。

禁止擅自操作客户设备；未经检验或检验不合格的客户受电工程，严禁接（送）电。

序号	问题分类	问题小类	违章级别	违章性质
40	安全组织措施不落实	现场勘察	蓝色	行为
典型项目	未按规定开展现场勘察或未留存勘察记录；工作票（作业票）签发人和工作负责人均未参加现场勘察。			

★ Ⅲ类严重违章

 违章案例

工作票签发人和工作负责人均未参加现场勘察

违反条款

- 配电规程 第 3.2 条；
- 变电规程 第 6.2 条；
- 线路规程 第 5.2 条；
- 国网公司《作业安全风险管控工作规定》第十八、十九条及附录 4；
- 电力建设规程（1 变电）第 5.3.2.4、5.3.2.6 条；
- 电力建设规程（2 线路）第 5.3.2.4、5.3.2.6 条；
- 水电厂动力规程 第 5.2 条；
- 国网公司《水电工程施工安全风险识别、评估及预控措施管理办法》第十六条。

　　作业任务确定后，各单位应根据作业类型、作业内容，规范组织开展现场勘察、危险因素识别等工作。对需要现场勘察的典型作业项目，一般应由工作负责人或工作票签发人组织，设备运维管理单位和作业单位相关人员参加。

Ⅲ类严重违章

序号	问题分类	问题小类	违章级别	违章性质
41	特种设备使用不规范	跨越架、脚手架	蓝色	行为

典型项目	脚手架、跨越架未经验收合格即投入使用。

★ Ⅲ类严重违章

 示意案例

脚手架、跨越架应经验收合格方可投入使用

违反条款

· 配电规程 第 17.3.2 条；
· 变电规程 第 18.1.10 条；
· 线路规程 第 9.4.10 和 10.11 条；
· 电力建设规程（1 变电）第 10.3.4.1 条；
· 电力建设规程（2 线路）第 12.1.1.11 条；
· 水电厂动力规程 第 15.3.11 条；
· DL/T 5370《水电水利工程施工通用安全技术规程》第 4.1.10 条。

跨越架应经现场检录及使用单位验收合格后方可使用。

序号	问题分类	问题小类	违章级别	违章性质
42	安全组织措施不落实	施工方案	蓝色	管理、行为

典型项目	对"超过一定规模的危险性较大的分部分项工程"（含大修、技改等项目），未组织编制专项施工方案（含安全技术措施），未按规定论证、审核、审批、交底及现场监督实施。

III类严重违章

★ III类严重违章

示意案例

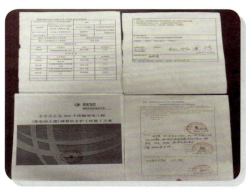

超过一定规模的危险性较大的分部分项工程应组织
编制专项施工方案

违反条款

· 国网公司《作业安全风险管控工作规定》第二十五条。

作业风险评估定级完成后，作业单位应根据现场勘察结果和风险评估定级的内容制定管控措施，编制审批"两票""三措一案"。

Ⅲ类严重违章

序号	问题分类	问题小类	违章级别	违章性质
43	到岗到位	旁站监理	蓝色	行为

典型项目	三级及以上风险作业管理人员（含监理人员）未到岗到位进行管控。

★ Ⅲ类严重违章

违章案例

三级及以上风险作业监理人员未到岗到位进行管控

违反条款

· 国网公司《作业安全风险管控工作规定》第三十八条；
· 国网公司《输变电工程建设安全管理规定》第五十六和六十五条；
· 国网公司《输变电工程施工安全风险识别、评估及预控措施管理办法》第十三条；
· 国网公司《水电工程施工安全风险识别、评估及预控措施管理办法》第二十条。

三级风险作业，相关地市级单位或建设管理单位专业管理部门、县公司级单位负责人或管理人员应到岗到位。二级风险作业，相关地市级单位或建设管理单位分管领导或专业管理部门负责人应到岗到位；省公司级单位专业管理部门应按有关规定到岗到位。

序号	问题分类	问题小类	违章级别	违章性质
44	二次安全措施 不落实	网络安全	蓝色	行为
典型项目	电力监控系统作业过程中，未经授权，接入非专用调试设备，或调试计算机接入外网。			

 示意案例

★ III类严重违章

电力监控系统作业过程中，未经授权，不得接入非专用调试设备，或调试计算机接入外网

 违反条款

· 电力监控规程 第5.3条。

电力监控系统上工作应使用专用的调试计算机及移动存储介质，调试计算机严禁接入外网。

III类严重违章

序号	问题分类	问题小类	违章级别	违章性质
45	业务外包管理不到位	施工机械及安全工器具	蓝色	管理

典型项目	劳务分包单位自备施工机械设备或安全工器具。

★ III类严重违章

违章案例

劳务分包单位自备安全工器具

违反条款

· 国网公司《业务外包安全监督管理办法》第四十三条。

采取劳务外包或劳务分包的项目，所需施工作业安全方案、工作票（作业票）、机具设备及工器具等应由发包方负责，并纳入本单位班组统一进行作业的组织、指挥、监护和管理。

序号	问题分类	问题小类	违章级别	违章性质
46	业务外包管理不到位	施工方案	蓝色	管理

典型项目	施工方案由劳务分包单位编制。

★ III类严重违章

III类严重违章

施工方案应由总包单位编制

违反条款

·国网公司《输变电工程建设安全管理规定》第十三条（三）；
·国网公司《业务外包安全监督管理办法》第四十三条。

采取劳务外包或劳务分包的项目，所需施工作业安全方案、工作票（作业票）、机具设备及工器具等应由发包方负责，并纳入本单位班组统一进行作业的组织、指挥、监护和管理。

序号	问题分类	问题小类	违章级别	违章性质
47	到岗到位	旁站监理	蓝色	管理

典型项目	监理单位、监理项目部、监理人员不履责。

★ III类严重违章

违章案例

监理人员未履行旁站监督职责

违反条款

· 国网公司《输变电工程建设安全管理规定》；
· 国网公司《工程监理安全监督管理办法》（安监二〔2021〕26号）；
· 国网公司《监理项目部标准化管理手册　变电工程分册》；
· 国网公司《监理项目部标准化管理手册　线路工程分册》；
· 国网公司《10（20）kV及以下配电网工程监理项目部标准化管理手册》（设备配电〔2019〕20号）。

监理人员责任：1）审查风险控制措施的有效性；2）对作业过程进行巡视、监督；3）及时纠正作业人员存在的不安全行为。

III类严重违章

序号	问题分类	问题小类	违章级别	违章性质
48	到岗到位	旁站监理	蓝色	管理

典型项目	监理人员未经安全准入考试并合格；监理项目部关键岗位（总监、总监代表、安全监理、专业监理等）人员不具备相应资格；总监理工程师兼任工程数量超出规定允许数量。

★ III类严重违章

示意案例

监理人员应经安全准入考试合格

违反条款

· 《安全生产法》第二十八条；
· 国网公司《监理项目部标准化管理手册 线路工程分册》1.1.3；
· 国网公司《监理项目部标准化管理手册 变电工程分册》1.1.3。

工程监理项目部应配备足额合格的监理人员，包括总监理工程师、总监理工程师代表、专业监理工程师、安全监理工程师、造价工程师、监理员以及信息资料员，其中总监理工程师（及总监理工程师代表）、专业监理工程师、安全监理工程师为项目管理关键人员，应与投标文件保持一致。监理项目部配备的监理人员年龄不超过65周岁且身体健康，具备工程建设监理实务知识、相应专业知识、工程实践经验和协调沟通能力。

Ⅲ类严重违章

序号	问题分类	问题小类	违章级别	违章性质
49	安全监控	现场监控	**蓝色**	管理

典型项目	安全风险管控平台上的作业开工状态与实际不符；作业现场未布设与安全风险管控平台作业计划绑定的视频监控设备，或视频监控设备未开机、未拍摄现场作业内容。

★Ⅲ类严重违章

违章案例

现场已开工，安全风险管控平台上显示现场并未点击开工，逃避监管

违反条款

· 国网公司《安全管控中心工作规范》（试行）第十四条。

作业现场视频监控设备应满足以下要求：1. 视频监控设备应设置在牢固、不易被碰撞、不影响作业的位置，确保能覆盖整个作业现场，不得遮挡、损毁视频设备，不得阻碍视频信息上传。2. 作业全过程应保证视频监控设备连续稳定运行，不得无故中断。对于多点作业的现场应使用多台设备，对存在较大安全风险的作业点进行重点监控。3. 各单位应结合实际明确不同专业、不同风险等级作业现场视频监控设备的配置数量和使用标准。

序号	问题分类	问题小类	违章级别	违章性质
50	安全组织措施不落实	工作票	蓝色	管理
典型项目	应拉断路器（开关）、应拉隔离开关（刀闸）、应拉熔断器、应合接地开关（刀闸）、作业现场装设的工作接地线未在工作票上准确登录；工作接地线未按票面要求准确登录安装位置、编号、挂拆时间等信息。			

Ⅲ类严重违章

★ Ⅲ类严重违章

 违章案例

工作票未登录接地线装设时间

违反条款

- 配电规程 第 3.3.1.1、3.3.2、3.3.8.2、3.3.8.4、4.4.12 条；
- 变电规程 第 6.3.1、6.3.2、6.3.7.1、6.3.7.2、7.4.4 条；
- 线路规程 第 5.3.1、5.3.2、5.3.7.1、5.3.7.2、6.4.1 条；
- 电力建设规程（1 变电）第 12.1.1.1、12.1.3.3、12.2.1.2 条；
- 电力建设规程（2 线路）第 13.1.1、13.1.4、13.3.4 条；
- 北京公司《工作票填写执行规范》。

工作票宜分类填写因工作需要拉开的所有断路器、隔离开关和跌落式熔断器，包括调度号和设备名称；宜分类填写应装设的接地线和应合接地开关（刀闸），接地开关（刀闸）应写明调度号，接地线应写明装设的确切位置、地点。

序号	问题分类	问题小类	违章级别	违章性质
51	防护用具使用不规范	带电作业防护	蓝色	行为
典型项目	高压带电作业未穿戴绝缘手套等绝缘防护用具；高压带电断、接引线或带电断、接空载线路时未戴护目镜。			

★ III类严重违章

违章案例

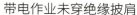

带电作业未穿绝缘披肩

带电作业未戴护目镜

违反条款

· 配电规程 第9.2.6、9.3.6条。

带电作业，应穿戴绝缘防护用具（绝缘服或绝缘披肩、绝缘袖套、绝缘手套、绝缘鞋、绝缘安全帽等）。带电断、接引线作业应戴护目镜，使用的安全带应有良好的绝缘性能。

带电断、接空载线路时，作业人员应戴护目镜，并采取消弧措施。

序号	问题分类	问题小类	违章级别	违章性质
52	特种设备使用不规范	吊车	蓝色	行为
典型项目	汽车式起重机作业前未支好全部支腿；支腿未按规程要求加垫木。			

Ⅲ类严重违章

★ Ⅲ类严重违章

违章案例

汽车式起重机支腿未加垫木

违反条款

· 配电规程 第 16.2.6 条；
· 变电规程 第 8.1.2.1、8.1.2.2 条；
· 线路规程 第 8.1.2.1、8.1.2.2 条；
· 电力建设规程（1 变电）第 17.2.3.3、17.2.3.7 条。

作业时，起重机应置于平坦、坚实的地面上。不得在暗沟、地下管线等上面作业；无法避免时，应采取防护措施。

Ⅲ类严重违章

序号	问题分类	问题小类	违章级别	违章性质
53	特种设备使用不规范	吊车	蓝色	管理

典型项目	链条葫芦、手扳葫芦、吊钩式滑车等装置的吊钩和起重作业使用的吊钩无防止脱钩的保险装置。

★ Ⅲ类严重违章

违章案例

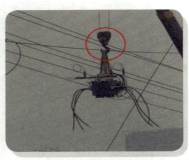

吊车作业过程中吊口未可靠封闭

违反条款

- 配电规程 第 14.2.10.2 条；
- 变电规程 第 17.3.7.2 条、附录 M；
- 线路规程 第 9.3.7、14.2.14.2 条；
- 电力建设规程（1 变电）第 7.3.15、8.3.5.3、8.3.7.1 条；
- 电力建设规程（2 线路）第 7.2.15、8.3.5.3、8.3.7.1 条；
- GB/T 31052.2《起重机械 检查与维护规程 第 2 部分：流动式起重机》第 5.2.2 条、附录 A；
- 北京公司《电力安全工作补充规定》配电部分第 16.2.6 条。

起吊物体应绑扎牢固，吊钩应有防止脱钩的保险装置。

序号	问题分类	问题小类	违章级别	违章性质
54	特种设备使用不规范	牵引作业	蓝色	管理

典型项目	绞磨、卷扬机放置不稳；锚固不可靠；受力前方有人；拉磨尾绳人员位于锚桩前面或站在绳圈内。

Ⅲ类严重违章

★ Ⅲ类严重违章

违章案例

绞磨前方站人

违反条款

· 线路规程 第 14.2.1.1、14.2.1.4 条；
· 电力建设规程（2 线路）第 8.2.13.1、8.2.13.2 条。

　　绞磨和卷扬机应放置平稳，锚固应可靠，并应有防滑动措施。受力前方不得有人。
　　拉磨尾绳不应少于 2 人，且应位于锚桩后面、绳圈外侧，不得站在绳圈内。

Ⅲ类严重违章

序号	问题分类	问题小类	违章级别	违章性质
55	特种设备使用不规范	牵引作业	蓝色	行为

典型项目	导线高空锚线未设置二道保护措施。

★ Ⅲ类严重违章

违章案例

导线高空锚线未设置二道保护措施（整改前后）

违反条款

· 电力建设规程（2线路）第 12.8.5、12.9.3 条。

导线高空锚线应有二道保护。

安全准入

序号	问题分类	问题小类	违章级别	违章性质
56	安全准入	企业准入	蓝色	管理

典型项目	在公司所属生产经营区域内，租赁吊车等大型机械租赁企业未实施安全准入，大型机械未在安全准入系统中报备。

违章案例

租赁吊车等大型机械租赁企业未实施安全准入，
大型机械未在安全准入系统中报备

违反条款

· 《国网电力安全工作规程补充条款增加部分》（京电安〔2018〕81号）；
· 北京公司《安全双准入管理规定》第十条和第十二条。

汽车吊进入公司生产区域前应实施准入管理。

安全组织措施不落实

序号	问题分类	问题小类	违章级别	违章性质
57	安全组织措施不落实	许可开工	蓝色	行为

典型项目	工作许可人许可手续履行不规范。

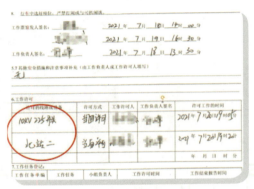

许可的线路或设备名称不规范

违反条款

· 配电规程 第 3.4 条;
· 变电规程 第 6.4 条;
· 线路规程 第 5.4 条。

　　各工作许可人应在完成工作票所列由其负责的停电和装设接地线等安全措施后,方可发出许可工作的命令。

序号	问题分类	问题小类	违章级别	违章性质
58	安全组织措施不落实	安全交底	蓝色	行为

典型项目	工作负责人未交代安全措施或其他注意事项，未履行安全交底，工作人员即开展工作。

违章案例

工作负责人未交代完安全措施，个别作业人员已上杆作业

违反条款

· 配电规程 第 2.1.5、3.3.12.2 和 3.5.1 条；
· 变电规程 第 4.2.4 和 6.3.11.2 条；
· 线路规程 第 4.2.4 和 5.3.11.2 条。

工作前，对工作班成员进行工作任务、安全措施、技术措施交底和危险点告知，并确认每个工作班成员都已签名。

安全组织措施不落实

序号	问题分类	问题小类	违章级别	违章性质
59	安全组织措施不落实	安全交底	蓝色	行为

典型项目	安全交底存在关键性错误。

违章案例

工作票中停电设备调度号填写错误（误将 4514 写成 4415），
导致安全交底存在关键性错误

违反条款

· 变电规程 第 6.3.11.2 条；
· 线路规程 第 5.3.11.2 条；
· 配电规程 第 3.3.12.2 和 3.5.1 条。

　　检查工作票所列安全措施是否正确完备，是否符合现场实际条件，必要时予以补充完善。工作前，对工作班成员进行工作任务、安全措施、技术措施交底和危险点告知，并确认每个工作班成员都已签名。

安全组织措施不落实

序号	问题分类	问题小类	违章级别	违章性质
60	安全组织措施不落实	安全交底	蓝色	行为
典型项目	安全交底执行不规范。			

 违章案例

 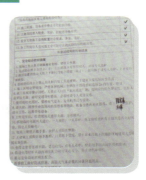

现场安全交底不到位，重新开展交底

违反条款

· 配电规程 第 3.3.12、3.3.12.5 和 3.5.1 条；
· 变电规程 第 6.3.11.2、6.3.11.5 和 6.5.1 条；
· 线路部分 第 5.3.11.2、5.3.11.5 和 5.5.1 条。

　　工作负责人的安全责任：工作前，对工作班成员进行工作任务、安全措施交底和危险点告知，并确认每个工作班成员都已签名。

安全组织措施不落实

序号	问题分类	问题小类	违章级别	违章性质
61	安全组织措施不落实	安全交底	蓝色	行为

典型项目	安全交底存在与工作无关的措施。

 违章案例

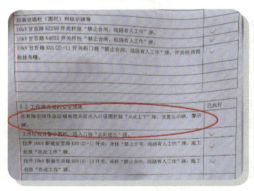

不涉及有限空间作业的工作在工作票列入相关安全措施

违反条款

· 配电规程 第 3.3.12、3.3.12.5 和 3.5.1 条;
· 变电规程 第 6.3.11.2、6.3.11.5 和 6.5.1 条;
· 线路部分 第 5.3.11.2、5.3.11.5 和 5.5.1 条。

　　工作负责人的安全责任：工作前，对工作班成员进行工作任务、安全措施交底和危险点告知，并确认每个工作班成员都已签名。

序号	问题分类	问题小类	违章级别	违章性质
62	安全组织措施不落实	工作票	蓝色	管理

典型项目	工作票上除主要工作任务内容、设备调度号等关键信息外，其他一般内容填写不正确。

违章案例

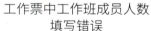

工作票中工作班成员人数
填写错误

已执行安全措施票上未划钩

违反条款

· 配电规程 第 3.3.8.2 条；
· 变电规程 第 6.3.7.1 条；
· 线路规程 第 5.3.7.1 条。

　　工作票应用黑色或蓝色的（水）笔或圆珠笔填写与签发，一式两份，内容应正确，填写应清楚，不得任意涂改。如有个别错、漏字需要修改时，应使用规范的符号，字迹应清楚。

安全组织措施不落实

安全组织措施不落实

序号	问题分类	问题小类	违章级别	违章性质
63	安全组织措施不落实	工作票	蓝色	管理

典型项目	工作票未执行双签发，或未正确执行双签发。

 违章案例

工作票未执行双签发

违反条款

·《关于加强作业现场高质量安全管控的通知》第一条；
· 配电规程 第 3.3.8.6 条；
· 变电规程 第 6.3.7.6 条；
· 线路规程 第 5.3.7.6 条。

外包单位从事公司发包的电气工程应实行承、发包双方"双签发"，外包单位进入公司所属区域作业（包括实施业扩等非公司投资工程）应实行设备运维单位和施工单位"双签发"。

安全组织措施不落实

序号	问题分类	问题小类	违章级别	违章性质
64	安全组织措施不落实	安全交底	蓝色	管理

典型项目	第一种工作票所附的危险点控制单存在错误。

违章案例

危险点分析控制单中有限空间作业防护措施填写错误，三级环境施工作业应进行连续机械通风，错写为保持自然通风

违反条款

· 《危险点分析与控制工作实施细则》（京电安〔2012〕14号）第八条和第十条；

· 配电规程 第 2.1.5 和 3.5.1 条；

· 变电规程 第 4.2.4 条；

· 线路规程 第 4.2.4 条。

填用第一种工作票的工作，应单附危险点分析控制单，其编号与工作票一致。工作开始前，工作负责人应向全体工作人员进行危险点告知，并交代控制措施。全体工作人员确认无误后在危险点分析控制单上签字，不得代签。所有工作人员必须在熟悉危险点分析控制单的内容后，方可参加工作。

安全组织措施不落实

序号	问题分类	问题小类	违章级别	违章性质
65	安全组织措施不落实	监护人	蓝色	管理

典型项目	带电、近电、有限空间等高风险作业现场，现场设置的专责监护人未在现场使用的各类工作票中体现，工作票未写明监护对象、监护工作内容。

违章案例

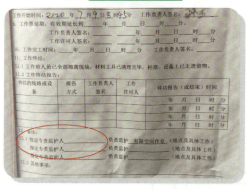

工作票未写明专责监护人姓名、监护对象、监护范围

违反条款

· 北京公司《工作票填写执行规范》；
· 配电规程 第3.5.4条；
· 变电规程 第6.5.3条；
· 线路规程 第5.5.2条。

工作票签发人或工作负责人对有触电危险、施工复杂容易发生事故的工作，应增设专责监护人和确定被监护的人员。有工作票签发人或工作负责人填写指定专责监护人的姓名、负责监护的工作地点、被监护的作业人员姓名、监护的具体工作内容。

序号	问题分类	问题小类	违章级别	违章性质
66	安全组织措施不落实	监护人	蓝色	行为

典型项目	专责监护人在被监护人作业过程中未按照要求在工作现场监护或兼做其他工作。

违章案例

专责监护人在被监护人作业过程中未在现场监护

专责监护人兼做其他工作

 ## 违反条款

· 配电规程 第 3.5.2 和 3.5.4 条；
· 变电规程 第 6.5.1 和 6.5.3 条；
· 线路规程 第 5.5.1 和 5.5.2 条。

　　工作负责人、专责监护人应始终在工作现场，对工作班人员的安全进行认真监护，及时纠正不安全的行为。专责监护人不得兼做其他工作。

安全组织措施不落实

序号	问题分类	问题小类	违章级别	违章性质
67	安全组织措施不落实	监护人	蓝色	行为

典型项目	规程规定的需设专责监护的危险性工作未设置专责监护人。

 违章案例

临近 10kV 带电线路展放低压线（上方交叉跨越）未设专人监护

临近带电线路起重作业，现场未设置专责监护人

 违反条款

· 配电规程 第 3.5.4 条；
· 变电规程 第 6.5.3 条；
· 线路规程 第 5.5.2 条。

　　工作票签发人或工作负责人对有触电危险、施工复杂容易发生事故的工作，应增设专责监护人和确定被监护的人员。

安全组织措施不落实

序号	问题分类	问题小类	违章级别	违章性质
68	安全组织措施不落实	工作人员	蓝色	行为

典型项目	工作人员变动未按规定履行变更手续。

违章案例

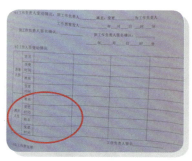

新增人员未履行变更手续　　　离开人员未履行变更手续

违反条款

· 配电规程 第 3.5.6 条。

工作班成员的变更，应经工作负责人的同意，并在工作票上做好变更记录；中途新加入的工作班成员，应由工作负责人、专责监护人对其进行安全交底并履行确认手续。

安全组织措施不落实

序号	问题分类	问题小类	违章级别	违章性质
69	安全组织措施不落实	工作人员	蓝色	行为

典型项目	新增人员未按规定接受安全交底。

违章案例

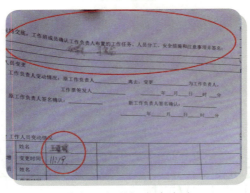

新增人员未进行安全交底

违反条款

· 配电规程 第 3.5.6 条。

　　中途新加入的工作班成员，应由工作负责人、专责监护人对其进行安全交底并履行确认手续。

序号	问题分类	问题小类	违章级别	违章性质
70	安全组织措施不落实	外来人员	蓝色	行为

典型项目	特种设备操作人员、厂家等设备安装调试等外来人员未纳入工作票中，且未履行现场安全交底。

 违章案例

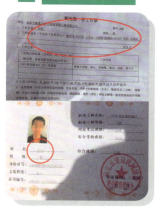

吊车司机未列入工作票

违反条款

· 配电规程 第 2.1.4 条;
· 变电规程 第 4.4.4 条;
· 线路规程 第 4.4.4 条。

　　外单位承担或外来人员参与公司系统电气工作的工作人员应熟悉本部分、并经考试合格，经设备运维管理单位（部门）认可，方可参加工作。工作前，设备运维管理单位（部门）应告知现场电气设备接线情况、危险点和安全注意事项。

序号	问题分类	问题小类	违章级别	违章性质
71	安全组织措施不落实	工作人员	蓝色	行为

典型项目	连续多日工作，第二日及以后未在每日开工前履行站班交底。

违章案例

未在每日开工前履行站班交底

违反条款

· 《关于进一步加强连续施工作业现场安全管控工作的通知》（京电安〔2020〕42号）第1条。

对于连续多日施工的主配网检修、改造和业扩工程，每日开工前，应重新检查各类安全措施并进行安全交底，履行每日站班会交底签字手续。

序号	问题分类	问题小类	违章级别	违章性质
72	安全组织措施不落实	工作负责人及监护人	蓝色	行为

典型项目	工作负责人未穿红马甲，或专责监护人未穿黄马甲。

 违章案例

工作负责人未穿红马甲

专责监护人未穿黄马甲

 违反条款

· 《关于工作现场专责监护人应穿着"黄马甲"的规定》（京电安〔2010〕16号）；
· 《关于现场工作负责人必须穿着"红马甲"的通知》（京电安〔2007〕10号）。

工作负责人应穿红马甲；
专责监护人应穿黄马甲。

安全组织措施不落实

安全技术措施不规范

序号	问题分类	问题小类	违章级别	违章性质
73	安全技术措施不规范	停电	蓝色	行为

典型项目	低压线路，单一用户支线等防止反送电措施未执行。

违章案例

低压反电源开关未拉开

违反条款

· 配电规程 第 4.2.1.6 和 4.4.2 条。

工作地点应停电的线路和设备：工作地段内有可能反送电的各分支线（包括用户）。

安全技术措施不规范

序号	问题分类	问题小类	违章级别	违章性质
74	安全技术措施不规范	停电	蓝色	行为

典型项目	操作 10kV 及以上设备断路器（开关）、隔离开关（刀闸）、熔断器等不规范（如未佩戴绝缘手套、拉合相位顺序错误等）。

 违章案例

运行人员作业过程中未佩戴绝缘手套

 违反条款

· 配电规程 第 5.2.8.1、5.2.8.2 和 5.2.8.3 条；
· 变电规程 第 5.3.6.1 条。

装设柱上开关（包括柱上断路器、柱上负荷开关）的配电线路停电，应先断开柱上开关，后拉开隔离开关（刀闸）。送电操作顺序与此相反。

安全技术措施不规范

序号	问题分类	问题小类	违章级别	违章性质
75	安全技术措施不规范	验电	蓝色	行为

典型项目	低压线路及设备作业前未对检修部位验电。

违章案例

低压线路挂地线前未经验电

违反条款

· 配电规程 第 4.3.6 条。

　　低压配电线路和设备停电后，检修或装表接电前，应在与停电检修部位或表计电气上直接相连的可验电部位验电。

安全技术措施不规范

序号	问题分类	问题小类	违章级别	违章性质
76	安全技术措施不规范	验电	蓝色	行为

典型项目	高压（10kV 及以上）验电未戴绝缘手套。

 违章案例

高压验电未戴绝缘手套

🌾 **违反条款**

· 配电规程 第 4.3.3 条；
· 变电规程 第 7.3.2 条；
· 线路规程 第 6.3.1 条。

　　高压验电时，人体与被验电的线路、设备的带电部位应保持相关规程规定的安全距离。使用伸缩式验电器，绝缘棒应拉到位，验电时手应握在手柄处，不得超过护环，宜戴绝缘手套。

安全技术措施不规范

序号	问题分类	问题小类	违章级别	违章性质
77	安全技术措施不规范	接地	蓝色	行为

典型项目	工作票所列地线与实际挂地线的位置不符。

违章案例

工作票所列地线与实际挂地线的位置不符

违反条款

· 配电规程 第4.4.6条；
· 线路规程 第6.4.1和6.4.2条。

　　工作接地线应全部列入工作票。禁止作业人员擅自变更工作票中指定的接地线位置。如需变更，应由工作负责人征得工作票签发人同意，并在工作票上注明变更情况。

序号	问题分类	问题小类	违章级别	违章性质
78	安全技术措施 不规范	接地	蓝色	行为
典型项目	在 10kV 及以上线路、低压线路主干线等设备上作业，接地线接 地端连接不牢固（或地线钎子埋深不足）。			

安全技术措施不规范

 违章案例

地线钎子埋深不足

 违反条款

· 配电规程 第 4.4.9 和 4.4.14 条；
· 变电规程 第 7.4.9 条；
· 线路规程 第 6.4.5 和 6.4.7 条。

装设的接地线应接触良好、连接可靠。装设接地线应先接接地端、后接导体端，拆除接地线的顺序与此相反。杆塔无接地引下线时，可采用截面积大于 190mm^2（如 ϕ16 圆钢）、地下深度大于 0.6m 的临时接地体。

安全技术措施不规范

序号	问题分类	问题小类	违章级别	违章性质
79	安全技术措施不规范	接地	蓝色	装置

典型项目	接地线无号牌或接地线号牌与接地线编号不符。

 违章案例

接地线无编号牌

违反条款

· 变电规程 第 7.4.12 条。

　　每组接地线及其存放位置均应编号，接地线号码与存放位置号码应一致。

序号	问题分类	问题小类	违章级别	违章性质
80	安全技术措施不规范	接地	蓝色	行为

典型项目	装拆 10kV 及以上接地线未戴绝缘手套，或未握在地线手柄以内。

 违章案例

装设地线未戴绝缘手套

装设地线手未握在地线手柄以内

 违反条款

· 配电规程 第 4.4.8 条；
· 变电规程 第 7.4.9 条。

　　装设、拆除接地线均应使用绝缘棒并戴绝缘手套，人体不得碰触接地线或未接地的导线。

安全技术措施不规范

安全技术措施不规范

序号	问题分类	问题小类	违章级别	违章性质
81	安全技术措施不规范	标志牌	蓝色	行为

典型项目	10kV 及以上停电线路检修作业，登杆（塔）作业人员未佩戴登杆证或颜色不符。

违章案例

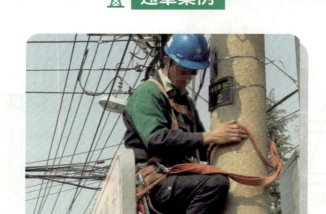

登杆作业人员未佩戴登杆证

安全技术措施不规范

违章案例

登杆证颜色与色标不符

违反条款

· 配电规程 第 6.7.5 条；
· 变电规程 第 8.3.5.2 条。

工作前应发给作业人员相对应线路的识别标记。

安全技术措施不规范

序号	问题分类	问题小类	违章级别	违章性质
82	安全技术措施不规范	标志牌	蓝色	行为

典型项目	漏挂、错挂、漏翻现场标示牌（如禁止合闸、在此工作等）。

违章案例

漏挂"禁止合闸，线路有人工作"标示牌

安全技术措施不规范

违章案例

错挂标示牌

漏翻"在此工作"标示牌

违反条款

· 配电规程 第 4.5 条;
· 变电规程 第 7.5 条;
· 线路规程 第 6.6 条。

　　在工作地点或检修的配电设备上悬挂"在此工作!"标示牌;在一经合闸即可送电到工作地点的断路器(开关)和隔离开关(刀闸)的操作处或机构箱门锁把手上及熔断器操作处,应悬挂"禁止合闸,有人工作!"标示牌;若线路上有人工作,应悬挂"禁止合闸,线路有人工作!"标示牌。

安全技术措施不规范

序号	问题分类	问题小类	违章级别	违章性质
83	安全技术措施不规范	标志牌	蓝色	装置 / 行为

典型项目	变配电站室模拟图版与实际设备不符，未修正或未遮蔽图版。

违章案例

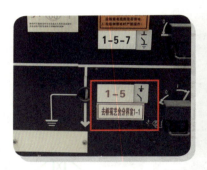 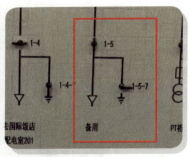

模拟图板与实际设备不符（图板不正确部分与本次作业不相关）

违反条款

· 配电规程 第 5.2.3.1 条;
· 变电规程 第 5.3.5.1 条;
· 线路规程 第 7.2.2 和 7.2.3 条。

　　有与现场高压配电线路、设备和实际相符的系统模拟图或接线图（包括各种电子接线图）。

安全技术措施不规范

序号	问题分类	问题小类	违章级别	违章性质
84	安全技术措施不规范	围栏	蓝色	行为

典型项目	工作票所列的围挡、围栏等未布置。

违章案例

工作票所列围栏未布置

违反条款

· 配电规程 第 4.5.8 和 4.5.12 条；
· 变电规程 第 7.5.5 条；
· 线路规程 第 6.2.3 和 6.6.3 条。

　　配电站户外高压设备部分停电检修或新设备安装，应在工作地点四周装设围栏。城区、人口密集区或交通道口和通行道路上施工时，工作场所周围应装设遮栏（围栏），并在相应部位装设警告标示牌。必要时，派人看管。

安全技术措施不规范

序号	问题分类	问题小类	违章级别	违章性质
85	安全技术措施不规范	围栏	蓝色	行为

典型项目	交通道路、人口密集地区施工作业未设置围挡。

违章案例

交通道路、人口密集地区施工作业未设置围挡

违反条款

· 配电规程 第 4.5.12 条;
· 线路规程 第 6.6.3 条。

　　城区、人口密集区或交通道口和通行道路上施工时，工作场所周围应装设遮栏（围栏），并在相应部位装设警告标示牌。必要时，派人看管。

序号	问题分类	问题小类	违章级别	违章性质
86	安全技术措施不规范	围栏	蓝色	行为
典型项目	孔洞、深坑、打开的井口等未覆盖、遮挡。			

安全技术措施不规范

违章案例

孔洞未遮挡

违反条款

· 配电规程 第 2.3.12.1、6.1.6 和 12.2.6 条;
· 变电规程 第 16.1.3 条;
· 线路规程 第 9.1.5 条。

井、坑、孔、洞或沟（槽），应覆以与地面齐平而坚固的盖板。检修作业，若需将盖板取下，应设临时围栏、并设置警示标识，夜间还应设红灯示警。临时打的孔、洞，施工结束后，应恢复原状。

安全技术措施不规范

序号	问题分类	问题小类	违章级别	违章性质
87	安全技术措施不规范	标志牌	蓝色	行为
典型项目	10kV 及以上同杆塔多回线路部分停电检修作业，登杆塔作业人员佩戴的登杆证与停电线路标志牌颜色不符，或未佩戴登杆证。			

 违章案例

登塔作业未佩戴登杆证

违反条款

· 配电规程 第 6.7.5 条；
· 线路规程 第 8.3.5 条；
· 北京公司《电力安全工作补充规定》配电部分第 6.6.7 条。

　　在该段线路上工作，工作前应发给作业人员相对应停电线路色标颜色的登杆证，登杆塔时还要核对停电检修线路的色标、登杆证无误。

序号	问题分类	问题小类	违章级别	违章性质
88	安全技术措施不规范	措施	蓝色	行为
典型项目	分布式电源相关工作现场，作业人员擅自开启计量箱（柜）门，或操作客户电气设备。			

 示意案例

作业人员严禁擅自开启计量箱（柜）门

 违反条款

· 营销规程 第 15.1 条。

现场查勘时须核实设备运行状态，严禁工作人员擅自开启计量箱（柜）门或操作客户电气设备。

土建施工措施不规范

序号	问题分类	问题小类	违章级别	违章性质
89	土建施工措施不规范	措施	蓝色	行为
典型项目	基坑作业开挖期间，未及时清除坑口的浮土、石块，路面铺设材料和泥土未分别堆置，在堆置物堆起的斜坡上放置工具、材料等器物。			

 违章案例

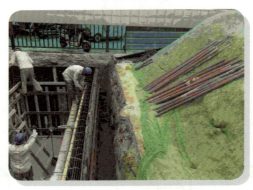

堆置物斜坡上放置材料

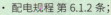 违反条款

· 配电规程 第 6.1.2 条；
· 线路规程 第 9.1.2 条。

　　挖坑时,应及时清除坑口附近浮土、石块,路面铺设材料和泥土应分别堆置,在堆置物堆起的斜坡上不得放置工具、材料等器物。

序号	问题分类	问题小类	违章级别	违章性质
90	土建施工措施不规范	措施	蓝色	行为

典型项目	基坑堆土、堆放材料物品等未按工作票要求距离沟边 1m 堆放。

 违章案例

基坑堆土和堆放材料未按工作票要求距离沟边 1m 堆放

 违反条款

· 电力建设规程（1 变电）第 10.1.1.7 条。

　　堆土应距坑边 1m 以外，高度不得超过 1.5m。

土建施工措施不规范

序号	问题分类	问题小类	违章级别	违章性质
91	土建施工措施不规范	措施	蓝色	管理

典型项目	基坑作业，未在基坑开挖过程中对运行的线路和其他市政管线采取保护措施。

 违章案例

未在基坑开挖过程中对运行的线路和其他市政管线
采取保护措施

违反条款

· 配电规程 第6.1.1条；
· 线路规程 第9.1.1条。

挖坑前，应与有关地下管道、电缆等地下设施的主管单位取得联系，明确地下设施的确切位置，做好防护措施。

土建施工措施不规范

序号	问题分类	问题小类	违章级别	违章性质
92	土建施工措施不规范	措施	蓝色	管理

典型项目	基坑挖深超过 1.5m 未采取临边防护措施。

 违章案例

超 1.5m 深基坑未设置临边防护措施

违反条款

· 配电规程 第 6.1.3 条；
· 变电规程 第 15.2.1.4 条；
· 线路规程 第 9.1.2 条。

　　在超过 1.5m 深的基坑内作业时，向坑外抛掷土石应防止土石回落坑内，并做好临边防护措施。作业人员不准在坑内休息。

土建施工措施不规范

序号	问题分类	问题小类	违章级别	违章性质
93	土建施工措施不规范	措施	蓝色	管理

典型项目	基坑挖掘施工区域未按要求设围栏及安全标志牌；夜间施工未悬挂警示灯和足够的照明设备，未设置专人监护。

违章案例

基坑挖掘施工区未设置围栏及安全标志牌

违章案例

基坑夜间施工未挂警示灯

基坑夜间施工照明不足

 违反条款

· 配电规程 第 6.1.5 和 6.1.6 条；
· 线路规程 第 9.1.4 和 9.1.5 条。

　　在居民区及交通道路附近开挖的基坑，应设坑盖或可靠遮栏，加挂警告标示牌，夜间挂红灯。

防护用具使用不规范

序号	问题分类	问题小类	违章级别	违章性质
94	防护用具使用不规范	绝缘垫	蓝色	行为

典型项目	站内一次设备加压试验期间，控制台操作人员未站在合规的绝缘垫上操作控制设备。

违章案例

操作人员未站在绝缘垫上操作

违反条款

· 配电规程 第 11.2.6 条；
· 变电规程 第 14.1.6 条。

　　加压过程中应有人监护并呼唱，试验人员应随时警戒异常现象发生，操作人应站在绝缘垫上。

序号	问题分类	问题小类	违章级别	违章性质
95	防护用具使用不规范	安全帽	蓝色	行为
典型项目	线路杆塔上、室外变电站架构或变压器等设备上、电缆沟道、基坑内的作业人员或者杆塔、架构等高处有人作业，垂直下方的作业区域内的工作人员未戴安全帽。			

违章案例

杆塔高处有人作业，下方作业人员未戴安全帽

电缆沟道内作业人员未戴安全帽

违反条款

· 配电规程 第 2.1.6 条；
· 变电规程 第 4.3.4 条；
· 线路规程 第 4.3.4 条。

进入作业现场用应正确佩戴安全帽，现场作业人员应穿全棉长袖工作服，绝缘鞋。

防护用具使用不规范

序号	问题分类	问题小类	违章级别	违章性质
96	防护用具使用不规范	安全帽	蓝色	行为

典型项目	工作现场的其他区域作业人员未戴安全帽。

违章案例

作业人员未戴安全帽

违反条款

· 配电规程 第 2.1.6 条;
· 变电规程 第 4.3.4 条;
· 线路规程 第 4.3.4 条。

　　进入作业现场用应正确佩戴安全帽,现场作业人员应穿全棉长袖工作服,绝缘鞋。

防护用具使用不规范

序号	问题分类	问题小类	违章级别	违章性质
97	防护用具使用不规范	安全帽	蓝色	行为
典型项目	现场工作人员安全帽佩戴不规范（下颚带未系或不牢固等）。			

违章案例

安全帽未系下颚带

 ## 违反条款

· 配电规程 第 14.5.2 条；
· 线路规程 第 14.4.2.5 条。

　　安全帽使用时，应将下颚带系好，防止工作中前倾后仰或其他原因造成滑落。

防护用具使用不规范

序号	问题分类	问题小类	违章级别	违章性质
98	防护用具使用不规范	安全带	蓝色	行为

典型项目	配电线路爬杆过程中，或高度较低作业现场未正确使用安全带。

违章案例

登杆未系安全带

违章案例

登杆作业人员未使用全身式安全带

违反条款

· 配电规程 第 17.2.2 和 17.2.4 条；
· 变电规程 第 18.1.8 和 18.1.9 条；
· 线路规程 第 10.9 和 10.10 条。

　　安全带的挂钩或绳子应挂在结实牢固的构件上，或专为挂安全带用的钢丝绳上，并应采用高挂低用的方式。

　　高处作业人员在转移作业位置时不得失去安全保护。

防护用具使用不规范

序号	问题分类	问题小类	违章级别	违章性质
99	防护用具使用不规范	工作服	蓝色	行为

典型项目	工作班成员工作服穿着不规范。

违章案例

未穿工作服

防护用具使用不规范

违章案例

未穿全棉长袖工作服

违反条款

· 配电规程 第 2.1.6 条；
· 变电规程 第 4.3.4 条；
· 线路规程 第 4.3.4 条。

　　进入作业现场应正确佩戴安全帽，现场作业人员应穿全棉长袖工作服，绝缘鞋。

防护用具使用不规范

序号	问题分类	问题小类	违章级别	违章性质
100	防护用具使用不规范	登高器具	蓝色	装置

典型项目	脚扣、梯子、绝缘检修平台、快装脚手架、安全带等登高器具使用前未检查，存在明显的破损情况。

违章案例

脚扣破损

安全带破损

违反条款

· 变电规程 第 18.1.6 和 18.1.10 条；
· 线路规程 第 10.7、14.4.2.1 和 16.4.1.1 条；
· 配电规程 第 6.2.1、14.5.1、14.5.7 和 17.2.3 条。

安全工器具使用前，应检查确认绝缘部分无裂纹、无老化、无绝缘层脱落、无严重伤痕等现象以及固定连接部分无松动、无锈蚀、无断裂等现象。对其绝缘部分的外观有疑问时应经绝缘试验合格后方可使用。

防护用具使用不规范

序号	问题分类	问题小类	违章级别	违章性质
101	防护用具使用不规范	跨越架、脚手架	蓝色	装置
典型项目	脚手板未与支架固定，工作平台脚手板未满敷，脚手架钢管立杆未设置金属底座或木质垫板，长度少于 2 跨。			

违章案例

工作平台脚手板未满敷

违反条款

· 电力建设规程（1 变电）第 10.3.2.6 和 10.3.3.9a 条。

钢管立杆应设置金属底座或木质垫板，木质垫板厚度不小于 50mm、宽度不小于 200mm，且长度不少于 2 跨度。

防护用具使用不规范

序号	问题分类	问题小类	违章级别	违章性质
102	防护用具使用不规范	登高器具	**蓝色**	行为

典型项目	运行变配电站室带电区域内或邻近带电线路处等区域使用非绝缘材质的梯子。

 违章案例

配电站室内工作未使用绝缘梯

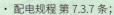 **违反条款**

· 配电规程 第 7.3.7 条；
· 变电规程 第 16.1.10 条；
· 线路规程 第 16.1.6 条；
· 营销规程 第 20.3.1 条。

在变、配电站（开关站）的带电区域内或邻近带电线路处，禁止使用金属梯子。

序号	问题分类	问题小类	违章级别	违章性质
103	防护用具使用不规范	登高器具	蓝色	行为

典型项目	使用梯子登高时，无专人扶持监护。

 违章案例

使用梯子登高时无人扶持监护

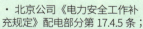 **违反条款**

· 北京公司《电力安全工作补充规定》配电部分第 17.4.5 条；
· 营销规程 第 20.3.3 条。

　　有人员在梯子上工作时，梯子应有人扶持和监护。

防护用具使用不规范

序号	问题分类	问题小类	违章级别	违章性质
104	防护用具使用不规范	登高器具	蓝色	装置

典型项目	单梯无 1m 限高线（2m 及以下梯子除外）。

 违章案例

单梯无 1m 限高线

违反条款

· 配电规程 第 17.4.2 条；
· 变电规程 第 18.2.2 条；
· 线路规程 第 10.19 条。

　　单梯的横档应嵌在支柱上，并在距梯顶 1m 处设限高标志。

序号	问题分类	问题小类	违章级别	违章性质
105	防护用具使用不规范	登高器具	蓝色	行为

典型项目	工作班人员站在 1m 线以上工作。

 违章案例

站在 1m 线以上工作

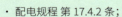 **违反条款**

· 配电规程 第 17.4.2 条；
· 变电规程 第 18.2.2 条；
· 线路规程 第 10.19 条。

　　单梯的横档应嵌在支柱上，并在距梯顶 1m 处设限高标志。

序号	问题分类	问题小类	违章级别	违章性质
106	防护用具使用不规范	登高器具	蓝色	行为

典型项目	将梯子架设在不稳固的支持物上工作。

 违章案例

将梯子架设在不稳固的支持物上工作

违反条款

· 电力建设规程（1 变电）第 8.4.4.1 条；
· 电力建设规程（2 线路）第 8.4.4.1 条。

梯子应放置稳固，梯脚要有防滑装置。

序号	问题分类	问题小类	违章级别	违章性质
107	防护用具使用不规范	护目镜	蓝色	行为

典型项目	熔化焊接、切割、破碎、切削等能够产生火星的作业未佩戴护目镜。

违章案例

电焊作业时未戴护目镜

破碎作业未戴护目镜

违反条款

· 线路规程 第 16.4.1.3 条;
· 电力建设规程（1 变电）第 7.4.2.12 条;
· 电力建设规程（2 线路）第 7.3.2.11 条。

切割时，操作者应偏离砂轮片正面，并戴好防护眼镜。

防护用具使用不规范

防护用具使用不规范

序号	问题分类	问题小类	违章级别	违章性质
108	防护用具使用不规范	护目镜	蓝色	行为

典型项目	低压电气带电工作未佩戴手套或护目镜，未按要求穿着工作服。

违章案例

低压带电工作未戴护目镜

违反条款

· 配电规程 第 8.1.1 条；
· 变电规程 第 12.4.2 条；
· 线路规程 第 12.4.2 条。

　　低压电气带电工作应戴手套、护目镜，并保持对地绝缘。

序号	问题分类	问题小类	违章级别	违章性质
109	防护用具使用不规范	护目镜	蓝色	行为

典型项目	工作人员光纤熔接等光纤回路工作时，过程中未佩戴护目镜。

 违章案例

光纤熔接未戴护目镜

 违反条款

· 营销规程 第 8.2.14 条。

在光纤回路工作时，应采取相应的防护措施放置激光对人眼造成伤害。

序号	问题分类	问题小类	违章级别	违章性质
110	防护用具使用不规范	防护手套	蓝色	行为

典型项目	充换电设备精密元器件清扫等保养工作，未按要求戴防静电手套。

示意案例

充换电设备精密元器件清扫等保养工作，应按要求戴防静电手套

违反条款

· 营销规程 第 16.3.2 条。

　　清扫充换电设备精密元器件时，应戴防静电手套，防止造成元器件损坏。

防护用具使用不规范

序号	问题分类	问题小类	违章级别	违章性质
111	防护用具使用不规范	切割作业	蓝色	行为

典型项目	切割机未配置防护罩。

违章案例

切割机护罩缺失

 ## 违反条款

· 变电规程 第 16.4.1.8 条;
· 线路规程 第 16.4.1.8 条。

砂轮机的安全罩应完整。

防护用具使用不规范

序号	问题分类	问题小类	违章级别	违章性质
112	防护用具使用不规范	带电作业防护	蓝色	行为

典型项目	带电立、撤杆，特种设备操作人员未穿绝缘靴，杆根作业人员未穿绝缘靴或未佩戴绝缘手套。

违章案例

吊车司机未穿绝缘靴

违章案例

带电立杆，杆根作业人员未穿绝缘靴

违反条款

· 配电规程 第 9.6.2 条。

　　作业时，杆根作业人员应穿绝缘靴、戴绝缘手套，起重设备操作人员应穿绝缘靴。

防护用具使用不规范

序号	问题分类	问题小类	违章级别	违章性质
113	防护用具使用不规范	带电作业防护	蓝色	行为
典型项目	低压带电作业时,未采取绝缘隔离措施防止相间短路和单相接地。			

违章案例

低压带电作业时,未采取绝缘隔离措施防止相间短路和单相接地

违反条款

· 配电规程 第 8.1.6 条。

低压电气带电工作,应采取绝缘隔离措施防止相间短路和单相接地。

序号	问题分类	问题小类	违章级别	违章性质
114	防护用具使用不规范	带电作业防护	蓝色	行为

典型项目	进入带电区域敷设电缆时踩踏运行电缆。

 违章案例

敷设电缆时踩踏运行电缆

违反条款

· 营销规程 第17.1.1.8条。

　　进入带电区域内敷设电缆时，应取得运维单位同意，设专人监护，采取安全措施，保持安全距离，防止误碰运行设备，不得踩踏运行电缆。

序号	问题分类	问题小类	违章级别	违章性质
115	防护用具使用不规范	安全工器具试验	蓝色	装置

典型项目	一般安全工器具存在较轻程度的破损或试验检测超期。

违章案例

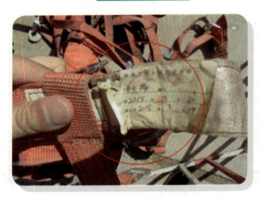

安全带试验检测超期

违反条款

· 配电规程 第 14.5.1 和 14.6.2.1 条；
· 线路规程 第 14.4.2.1 和 14.4.3.1 条。

　　安全工器具使用前的外观检查应包括绝缘部分有无裂纹、老化、绝缘层脱落、严重伤痕，固定连接部分有无松动、锈蚀、断裂等现象。

动火作业措施不规范

序号	问题分类	问题小类	违章级别	违章性质
116	动火作业措施不规范	动火工作票	蓝色	行为
典型项目	一、二级动火区域内的动火作业动火工作票填写执行错误。			

违章案例

二级动火工作票申请动火时间超过 120h 的有效期

违反条款

· 配电规程 第 15.2.3 和 15.2.4 条；
· 变电规程 第 16.6.2 和 16.6.3 条；
· 线路规程 第 16.6.2 和 16.6.3 条。

在一级动火区动火作业，应填用一级动火工作票。

在二级动火区动火作业，应填用二级动火工作票。

动火作业措施不规范

序号	问题分类	问题小类	违章级别	违章性质
117	动火作业措施不规范	现场	蓝色	管理

典型项目	在使用过程中乙炔气瓶倒放或与氧气瓶距离小于 5m，气瓶的放置地点离明火 10m 以内。或将乙炔气瓶、氧气瓶、易燃物品、装有可燃气体的容器放在一起运送。

违章案例

使用中的氧气瓶与乙炔气瓶距离小于 5m

气瓶的放置地点离明火 10m 以内

违反条款

· 配电规程 第 15.3.5.3 和 15.3.6 条；
· 变电规程 第 16.5.9 和 16.5.11 条；
· 线路规程 第 16.5.9 和 16.5.11 条。

禁止把氧气瓶及乙炔气瓶放在一起运送，也不准与易燃物品或装有可燃气体的容器一起运送。

使用中的氧气瓶和乙炔气瓶应垂直放置并固定起来，氧气瓶和乙炔气瓶的距离不准小于 5m，气瓶的放置地点不准靠近热源，应距明火 10m 以外。

序号	问题分类	问题小类	违章级别	违章性质
118	动火作业措施不规范	现场	蓝色	管理

典型项目	现场使用的乙炔、氧气瓶软连接管老化，出现裂痕。

违章案例

软连接管老化，出现裂痕

违反条款

· 电力建设规程（2 线路）第 7.3.3.16 条。

气瓶瓶阀及管接头处不得漏气。

动火作业措施不规范

序号	问题分类	问题小类	违章级别	违章性质
119	动火作业措施不规范	现场	蓝色	行为

典型项目	涉及动火作业的电焊机等电动工器具外壳未接地或接地不可靠。

 违章案例

电焊机外壳未接地

违反条款

· 配电规程 第 15.3.4 条；
· 变电规程 第 16.5.5 条；
· 线路规程 第 16.5.5 条。

　　电焊机的外壳应可靠接地，接地电阻不得大于 4Ω。

动火作业措施不规范

序号	问题分类	问题小类	违章级别	违章性质
120	动火作业措施不规范	人员	蓝色	行为

典型项目	动火作业未设专责监护人，或专责监护人动火过程中不在现场。

 违章案例

动火作业未设专责监护人

违反条款

· 配电规程 第 15.2.11.5 条；
· 变电规程 第 16.6.10.5 条；
· 线路规程 第 16.6.10.5 条。

动火作业应有专人监护。

序号	问题分类	问题小类	违章级别	违章性质
121	特种设备使用不规范	吊车	蓝色	行为

典型项目 吊物上站人，使用起重机械的吊钩、铲斗等位置载运人员。

违章案例

吊物上站人

使用挖掘机铲斗载运人

违章案例

吊车运送人员

 违反条款

· 配电规程 第 16.2.12 条；
· 变电规程 第 17.1.9 条；
· 线路规程 第 11.1.10 条。

　　吊物上不许站人，禁止作业人员利用吊钩来上升或下降。

特种设备使用不规范

序号	问题分类	问题小类	违章级别	违章性质
122	特种设备使用不规范	吊车	蓝色	行为

典型项目	吊车等特种车辆支撑枕木等破损（不影响支撑效果）。

违章案例

吊车支撑枕木破损

违反条款

· 电力建设规程（1变电）第 8.1.2.2 条；
· 国网公司《电力建设起重机械安全监督管理办法》附件 5 起重作业相关安全规定第二项第 4 条。

　　汽车式起重机作业前应支好全部支腿，支腿应加垫木。

特种设备使用不规范

序号	问题分类	问题小类	违章级别	违章性质
123	特种设备使用不规范	吊车	蓝色	行为

典型项目	有重物悬空中时，吊车驾驶人员离开上装驾驶室或做其他工作。

违章案例

有重物悬空中时，吊车驾驶人员离开上装驾驶室

吊装龙门架，驾驶人员离开驾驶室

违反条款

· 变电规程 第17.2.1.6条。

有重物悬在空中时，禁止驾驶人员离开驾驶室或做其他工作。

特种设备使用不规范

序号	问题分类	问题小类	违章级别	违章性质
124	特种设备使用不规范	吊车	蓝色	装置

典型项目	吊车挂钩防脱装置或限位器失灵，或作业过程中吊口未可靠封闭。

违章案例

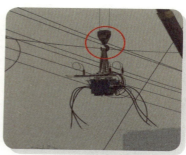

吊车作业过程中吊口未可靠封闭

违反条款

- 配电规程 第 14.2.10.2 条；
- 变电规程 第 17.3.7.2 条、附录 M；
- 线路规程 第 9.3.7、14.2.14.2 条；
- 电力建设规程（1 变电）第 7.3.15、8.3.5.3、8.3.7.1 条；
- 电力建设规程（2 线路）第 7.2.15、8.3.5.3、8.3.7.1 条；
- GB/T 31052.2《起重机械 检查与维护规程 第 2 部分：流动式起重机》第 5.2.2 条、附录 A；
- 北京公司《电力安全工作补充规定》配电部分第 16.2.6 条。

起吊物体应绑扎牢固，吊钩应有防止脱钩的保险装置。

特种设备使用不规范

序号	问题分类	问题小类	违章级别	违章性质
125	特种设备使用不规范	吊车	蓝色	装置

典型项目	现场使用的吊装带、钢丝绳存在一般性磨损。

 违章案例

吊带存在磨损

违反条款

· 变电规程 第 17.1.11 条和附录 M 第 2 条和第 3 条。

绳扣可靠，无松动现象。
钢丝绳无严重磨损现象。

特种设备使用不规范

序号	问题分类	问题小类	违章级别	违章性质
126	特种设备使用不规范	吊车	蓝色	行为

典型项目	吊车司机未进行安全准入培训考试。

违章案例

吊车司机未进行安全准入培训考试

违反条款

· 国网公司《业务外包安全监督管理办法》第二十六条和第二十七条；
· 配电规程 第 16.1.1 条；
· 变电规程 第 17.1.2 条；
· 线路规程 第 11.1.2 条。

　　各单位每年定期组织开展安全准入考试，作业人员经准入考试合格后方可从事现场生产施工作业。

序号	问题分类	问题小类	违章级别	违章性质
127	特种设备使用不规范	吊车	蓝色	行为
典型项目	起重设备在带电区域内或靠近架空线路作业，驾驶室内未铺橡胶绝缘垫。			

违章案例

起重设备在带电区域内或靠近架空线路作业，驾驶室内未铺橡胶绝缘垫

 ## 违反条款

· 配电规程 第 16.2.8 和 16.2.13 条；
· 变电规程 第 17.2.1.2 和 17.2.3.5 条；
· 线路规程 第 11.2.2 条。

起重机上应备有灭火装置，驾驶室内应铺橡胶绝缘垫，禁止存放易燃物品。

序号	问题分类	问题小类	违章级别	违章性质
128	特种设备使用不规范	跨越架	蓝色	行为
典型项目	跨越架与铁路、公路及通信线的距离不满足最小安全距离。			

示意案例

跨越架与铁路、公路及通信线的距离应满足最小安全距离

违反条款

· 电力建设规程（2 线路）第 12.1.1.7 条。

　　跨越架与被跨电力线路应不小于相关规程规定的安全距离，否则应停电搭设。

序号	问题分类	问题小类	违章级别	违章性质
129	特种设备使用不规范	跨越架	蓝色	行为

典型项目	跨越不停电线路施工，未申请线路退出重合闸。

违章案例

水泥浇灌车跨越 10kV 不停电线路施工，
未申请线路退出重合闸

违反条款

· 电力建设规程（2 线路）第 13.2.2 条。

　　跨越不停电电力线路，在架线施工前，施工单位应向运维单位书面申请该带电线路"退出重合闸"，许可后方可进行不停电跨越施工。

序号	问题分类	问题小类	违章级别	违章性质
130	特种设备使用不规范	跨越架	蓝色	行为

典型项目	在跨越档相邻两侧杆塔上的放线滑车未采取接地保护措施。

示意案例

在跨越档相邻两侧杆塔上的放线滑车应采取接地保护措施

违反条款

· 线路规程 第9.4.13.1条。

在邻近或跨越带电线路采取张力放线时,牵引机、张力机本体、牵引绳、导地线滑车、被跨越电力线路两侧的放线滑车应接地。

序号	问题分类	问题小类	违章级别	违章性质
131	特种设备使用不规范	跨越架	蓝色	行为
典型项目	跨越不停电线路时，新建线路的导引绳通过跨越架时，未使用绝缘绳索作引绳。				

违章案例

新建线路的导引绳通过跨越架时，未使用绝缘绳索作引绳

 ## 违反条款

· 电力建设规程（2 线路）第 13.2.7 条。

导线、地线、钢丝绳等通过跨越架时，应用绝缘绳作引渡。

特种设备使用不规范

序号	问题分类	问题小类	违章级别	违章性质
132	特种设备使用不规范	跨越架	蓝色	行为
典型项目	跨越施工完后，未拆除带电线路上方的封顶网、绳，无运行部门现场监护。			

示意案例

跨越施工完后，应拆除带电线路上方的封顶网、绳，
运行部门现场监护

违反条款

· 电力建设规程（2 线路）第 13.2.13 条。

跨越施工完毕后，应尽快将带电线路上方的绳、网拆除并回收。

特种设备使用不规范

序号	问题分类	问题小类	违章级别	违章性质
133	特种设备使用不规范	跨越架	蓝色	装置

典型项目	跨越架上未悬挂醒目警告标志。

示意案例

跨越架上应悬挂醒目警告标志

违反条款

· 线路规程 第 9.4.9 条。

　　各类交通道口的跨越架的拉线和路面上部封顶部分，应悬挂醒目的警告标志牌。

特种设备使用不规范

序号	问题分类	问题小类	违章级别	违章性质
134	特种设备使用不规范	牵引作业	蓝色	行为

典型项目	现场绞磨尾绳缠绕不足 5 圈。

违章案例

绞磨尾绳缠绕不足 5 圈

违反条款

· 线路规程 第 14.2.1.2 条及附录 N 第 7 条。

牵引绳应从卷筒下方卷入，排列整齐，并与卷筒垂直，在卷筒上不准少于 5 圈（卷扬机：不准少于 3 圈）。

序号	问题分类	问题小类	违章级别	违章性质
135	特种设备使用不规范	牵引作业	蓝色	装置

典型项目	杆上放线未使用滑轮，或使用的滑轮开口未封闭等。

 违章案例

滑轮开口未封闭

违反条款

- 配电规程 第14.2.10.2条;
- 变电规程 第17.3.7.2条;
- 线路规程 第14.2.14.2条。

　　使用的滑车应有防止脱钩的保险装置或封口措施。使用开门滑车时，应将开门勾环扣紧，防止绳索自动跑出。

特种设备使用不规范

序号	问题分类	问题小类	违章级别	违章性质
136	特种设备使用不规范	牵引作业	蓝色	装置

典型项目	紧线器挂钩防脱装置失灵，或作业过程中吊口未可靠封闭。

违章案例

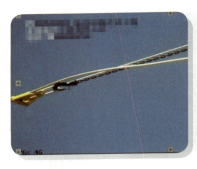

现场使用紧线器挂钩防脱装置失灵，作业过程中吊口未可靠封闭

违反条款

· 配电规程 第14.2.10.2条;
· 变电规程 第17.3.7.2条;
· 线路规程 第14.2.14.2条。

　　使用的滑车应有防止脱钩的保险装置或封口措施。使用开门滑车时，应将开门勾环扣紧，防止绳索自动跑出。

序号	问题分类	问题小类	违章级别	违章性质
137	特种设备使用不规范	牵引作业	蓝色	行为

典型项目	牵张段内跨越架未设专人看守。

示意案例

牵张段内跨越架应设专人看守

违反条款

· 配电规程 第 6.4.1 和 6.4.2 条；
· 线路规程 第 9.4.1 和 9.4.2 条。

交叉跨越各种线路、铁路、公路、河流等地方放线、撤线，应先取得有关主管部门同意，做好跨越架搭设、封航、封路、在路口设专人持信号旗看守等安全措施。

特种设备使用不规范

序号	问题分类	问题小类	违章级别	违章性质
138	特种设备使用不规范	牵引作业	蓝色	行为

典型项目	导线与牵引绳连接不可靠，线盘架不牢固、转动不灵活、制动不可靠。

违章案例

导线与牵引绳连接不可靠

线盘架不牢固

违反条款

- 配电规程 第6.4.4条；
- 线路规程 第9.4.3条。

放线、紧线前，应检查确认导线无障碍物挂住，导线与牵引绳的连接应可靠，线盘架应稳固可靠、转动灵活、制动可靠。

序号	问题分类	问题小类	违章级别	违章性质
139	特种设备使用不规范	特种作业	蓝色	行为
典型项目	现场作业人员在挖掘机作业时，在同一基坑内同时作业。			

违章案例

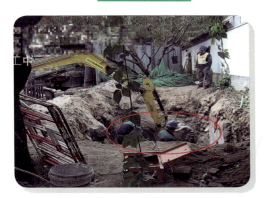

挖掘机作业时，作业人员同时在基坑内工作

违反条款

· 电力建设规程（1 变电）第 10.1.5.4 条；
· 电力建设规程（2 线路）第 10.1.4.4 条。

挖掘机作业时，在同一基坑内不应有人员同时作业。

特种设备使用不规范

序号	问题分类	问题小类	违章级别	违章性质
140	特种设备使用不规范	临时电源	蓝色	装置

典型项目	现场使用临时电源没有漏电保护器，或漏电保护器失灵。一个漏电保护器或空气断路器接多个负荷。

违章案例

现场使用临时电源没有漏电保护器

违反条款

· 配电规程 第 14.1.5 和 14.4.1 条；
· 变电规程 第 16.4.2.7 条；
· 线路规程 第 16.4.2.6 条。

连接电动机械及电动工具的电气回路应单独设开关或插座，并装设剩余电流动作保护器（漏电保护器），金属外壳应接地；电动工具应做到"一机一闸一保护"。

特种设备使用不规范

序号	问题分类	问题小类	违章级别	违章性质
141	特种设备使用不规范	临时电源	蓝色	装置
典型项目	施工现场电源接线连接不牢固，临时电源导线绝缘破损，或存在带电裸露部分。			

违章案例

临时电源线绝缘破损

违反条款

· 电力建设规程（1 变电）第 6.5.4 k 条。

　　用电线路及电气设备的绝缘应良好，布线整齐，设备的裸露带电部分应加防护措施。

特种设备使用不规范

序号	问题分类	问题小类	违章级别	违章性质
142	特种设备使用不规范	临时电源	蓝色	行为

典型项目	配电箱未接零（接地），室外配电箱无防雨措施。

违章案例

配电箱未接地

违反条款

· 电力建设规程（1 变电）第 6.5.4 e 条；
· 电力建设规程（2 线路）第 6.3.3 e 条。

配电箱应坚固，金属外壳接地或接零良好，其结构应具备防火、防雨的功能。

序号	问题分类	问题小类	违章级别	违章性质
143	特种设备使用不规范	措施	蓝色	行为

典型项目	杆塔同一个地锚连接两个拉线，张力场导线固定未采用锚线架设。

违章案例

一个地锚连接两个拉线

违反条款

- 配电规程 第 6.3.6 条。

一个锚桩上的临时拉线不得超过丙根。

特种设备使用不规范

序号	问题分类	问题小类	违章级别	违章性质
144	特种设备使用不规范	措施	蓝色	行为

典型项目	杆塔组立时，主材和侧面大斜材未全部连接牢固前，在吊件上工作。

违章案例

杆塔主材和侧面大斜材未全部连接牢固前，工作人员在吊件上工作

违反条款

· 电力建设规程（2 线路）第 11.3.6 d 条。

塔片就位时应先低后高侧，主材与侧面大斜材未全部链接牢固前，不得在掉件上作业。

有限空间措施不到位

序号	问题分类	问题小类	违章级别	违章性质
145	有限空间措施不到位	检测	蓝色	行为
典型项目	黄色违章问题第55条环境下，监护人未对有限空间内气体进行连续监测未按照至少每15分钟落实记录检测值。			

 违章案例

监护人未持续检测

违反条款

· 北京公司《有限空间作业安全工作规定》第十九条。

作业过程中，监护人应对有限空间内气体进行连续监测并做好记录，监护检测至少每15分钟记录一个瞬时值。

有限空间措施不到位

序号	问题分类	问题小类	违章级别	违章性质
146	有限空间措施不到位	审批	蓝色	行为

典型项目	有限空间作业审批单中信息填写不完整、不正确。

违章案例

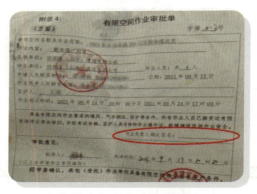

审批单中作业负责人漏签字

违反条款

· 北京公司《有限空间作业安全工作规定》第十三条。

　　凡进入有限空间场所进行安装、检修、巡视、检查等的作业单位，应填写《审批单》实施作业审批、现场许可手续。

序号	问题分类	问题小类	违章级别	违章性质
147	有限空间措施不到位	通风	蓝色	行为
典型项目	人员在电力隧道及电力管井中作业的，通风管道的管口未到达电力隧道及电力管井的底部或作业面。			

违章案例

有限空间作业通风设备管道未伸入井底

违反条款

· 北京公司《有限空间作业安全工作规定》附录7第七条。

电缆（通信）管井使用管道通风机，应将通风管道出风口伸延至有限空间底部，让新鲜空气可以到达有限空间的最远端，有效去除大于空气比重的有害气体。

有限空间措施不到位

序号	问题分类	问题小类	违章级别	违章性质
148	有限空间措施不到位	通风	蓝色	行为

典型项目	燃油发电机与送风机距离过近。

 违章案例

燃油发电机离送风机过近且井下有人工作

违反条款

· 北京公司《有限空间作业安全工作规定》第二十四条。

地上井口附近使用燃油（气）发电机等设备时，应放置在下风侧，与井口保持一定距离，防止废气进入井内。

序号	问题分类	问题小类	违章级别	违章性质
149	有限空间措施不到位	检测	蓝色	行为

典型项目	计划工作首日，进入电缆井（隧道）前，评估和准入检测只进行了1项。

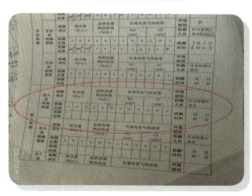

违章案例

进入有限空间前，未进行准入检测

违反条款

· 北京公司《有限空间作业安全工作规定》第十一条和第十七条。

作业前必须进行风险辨识，分析有限空间内气体种类并进行评估检测，做好记录。进入前，应进行有限空间内气体准入检测，并做好记录。

序号	问题分类	问题小类	违章级别	违章性质
150	有限空间措施不到位	检测	蓝色	行为

典型项目	井上气体检测，检测仪未使用集气管（或集气管长度不够）。

 违章案例

泵吸式四合一气体检测仪集气管长度不够

违反条款

· 北京公司《有限空间作业安全工作规定》附录7第六条。

电缆井、电缆隧道检测应使用测试采样管缓慢伸入井内，并用吸气囊（或采用电动泵）将井内上、中、下不同高度的气体吸入采样管内。

序号	问题分类	问题小类	违章级别	违章性质
151	有限空间措施不到位	检测	蓝色	行为
典型项目	气体检测记录填写不规范。			

违章案例

气体检测记录未填写检测时间

违反条款

· 北京公司《有限空间作业安全工作规定》第十一、十七条和十九条。

作业前必须进行风险辨识，分析有限空间内气体种类并进行评估检测，做好记录。进入前，应进行有限空间内气体准入检测，并做好记录。有限空间评估检测和准入检测为一级环境，经机械通风降为二级或三级环境；或评估检测为二级，经机械通风降为三级环境；以及始终维持为二级环境时，作业过程中，监护人应对有限空间内气体进行连续监测并做好记录，监护检测至少每15分钟记录一个瞬时值。

电力安全生产典型违章图册

有限空间措施不到位

序号	问题分类	问题小类	违章级别	违章性质
152	有限空间措施不到位	检测	蓝色	行为

典型项目	有限空间工作许可人未进行现场复测，或复测未签字，就许可有限空间工作；许可开工时间早于许可人复测时间。

违章案例

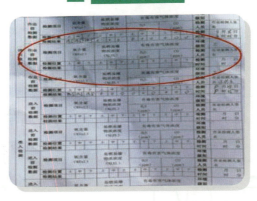

有限空间工作许可人未进行现场复测

违反条款

· 《关于进一步加强连续施工作业现场安全管控工作的通知》。

连续多日开展的有限空间工作，工作首日工作许可人应进行评估检测复测，并进行许可。

序号	问题分类	问题小类	违章级别	违章性质
153	有限空间措施不到位	监护	蓝色	行为
典型项目	有限空间作业监护人设置不足（多个井口上下人作业，监护人设置不足）。			

违章案例

有限空间作业专责监护人数量设置不足

违反条款

· 北京公司《关于进一步规范有限空间作业安全管理的通知》第二项。

　　每个有人作业的工作井（或其他独立有限空间），进入前均应进行气体检测并记录检测数据，且均应设专责监护人。

有限空间措施不到位

序号	问题分类	问题小类	违章级别	违章性质
154	有限空间措施不到位	设备和工具	蓝色	行为

典型项目	紧急逃生呼吸器放在井口处，未随人员入井或配备不足，或与作业人员实际作业距离过远。

违章案例

有限空间作业人员未携带逃生式呼吸器下井

违反条款

· 北京公司《关于进一步规范有限空间作业安全管理的通知》第二项。

井内作业人员应携带气体检测仪持续监测井内作业面情况，携带紧急逃生呼吸器（每人 1 台，应随身携带，作业时放置在距离身体不超过 2m 范围内）。

序号	问题分类	问题小类	违章级别	违章性质
155	有限空间措施不到位	设备和工具	蓝色	行为
典型项目	有限空间作业人员，个别正在使用的随身携带的气体检测仪失效，或未开机。				

违章案例

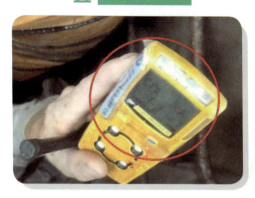

井下人员携带的四合一气体检测仪失效

有限空间措施不到位

违章案例

井下人员携带的四合一气体检测仪未开启

违反条款

· 北京公司《关于进一步规范有限空间作业安全管理的通知》第二项。

　　井内作业人员应携带气体检测仪持续监测井内作业面情况，携带紧急逃生呼吸器（每人 1 台，应随身携带，作业时放置在距离身体不超过 2m 范围内）。

有限空间措施不到位

序号	问题分类	问题小类	违章级别	违章性质
156	有限空间措施不到位	设备和工具	**蓝色**	行为

典型项目	燃油（气）发电机等设备使用不规范（未接地等）。

违章案例

发电机未接地

违反条款

· 北京公司《有限空间作业安全工作规定》附录 7 第七项。

　　燃油发电机放置在有限空间外下风侧，外壳可靠接地，装有漏电保护器。

有限空间措施不到位

序号	问题分类	问题小类	违章级别	违章性质
157	有限空间措施不到位	设备和工具	蓝色	行为
典型项目	夜间施工未悬挂警示灯，作业人员未穿高可视警示服。			

违章案例

夜间施工未挂警示灯

违反条款

· DB11/T 852《有限空间作业安全技术规范》第5.5.2条；
· 北京公司《有限空间作业安全工作规定》附录7第三项。

在日落后半小时至次日早晨日出间设置红色闪烁灯，并有专人看守，夜间地面作业人还应穿戴高可视警示服。

序号	问题分类	问题小类	违章级别	违章性质
158	有限空间措施不到位	措施	蓝色	行为

典型项目	作业井口未设置围栏，或设置不规范。

违章案例

作业井口未设置围栏

违反条款

· 北京公司《有限空间作业安全工作规定》附录 7 第三项；
· 线路规程 第 15.2.1.10 条；
· 配电规程 第 12.2.6 条。

用围挡设施封闭作业区域，围挡设施上加设双向警示功能的安全告知牌和信息公示牌，告知作业人安全注意事项，警告周围无关人员远离危险作业区域。

有限空间措施不到位

序号	问题分类	问题小类	违章级别	违章性质
159	有限空间措施不到位	措施	**蓝色**	装置

典型项目	围栏上未悬挂警示告知牌和信息公示牌，信息公示牌内容填写不规范。

违章案例

围栏上未悬挂警示告知牌和信息公示牌

违反条款

· 北京公司《有限空间作业安全工作规定》附录 7 第三项。

　　用围挡设施封闭作业区域，围挡设施上加设双向警示功能的安全告知牌和信息公示牌，告知作业人安全注意事项，警告周围无关人员远离危险作业区域。

序号	问题分类	问题小类	违章级别	违章性质
160	有限空间措施不到位	措施	蓝色	行为

典型项目	井内污水或腐蚀物未清理即进入作业。

 违章案例

井内污水未清理即进入作业

 违反条款

· 北京公司《有限空间作业安全工作规定》附录5。

氧含量为 19.5% ~ 23.5%，且符合下列条件之一的环境为二级：作业过程中有毒有害或可燃性气体、蒸气浓度可能突然升高，如污水井、化粪池等地下有限空间作业。

現場不安全行為

序号	问题分类	问题小类	违章级别	违章性质
161	现场不安全行为	绝缘手套	蓝色	行为

典型项目	电缆试验对被试电缆放电时，未戴绝缘手套。

违章案例

放电时未戴绝缘手套

违反条款

- 配电规程 第 12.3.3 条；
- 变电规程 第 15.2.2.4 条；
- 线路规程 第 15.2.2.4 条。

　　电缆的试验过程中，更换试验引线时，应先对设备充放电。作业人员应戴好绝缘手套。

序号	问题分类	问题小类	违章级别	违章性质
162	现场不安全行为	工作人员	蓝色	行为
典型项目	深坑下、有限空间井内，有人作业，作业人员向坑内抛掷物品。			

 违章案例

作业人员向坑内抛物

 违反条款

· 电力建设规程（1 变电）第 10.4.3.3 条；
· 北京公司《有限空间作业安全工作规定》附录 7 第十条。

坑内使用的材料、工具不得上下抛掷。有限空间作业过程中不动无关设备，不抛扔工具。

现场不安全行为

序号	问题分类	问题小类	违章级别	违章性质
163	现场不安全行为	工作人员	蓝色	行为

典型项目	拉线未受力情况下，杆上有人作业时调整拉线。

违章案例

杆上有人时调整拉线

违反条款

· 线路规程 第 9.3.15 条；
· 配电规程 第 6.3.14 条；
· 电力建设规程（2 线路）第 11.1.8 条。

杆上有人时，禁止调整或拆除拉线。

序号	问题分类	问题小类	违章级别	违章性质
164	现场不安全行为	工器具摆放	蓝色	行为
典型项目	安全工器具、工器具和材料放置在杆塔、架构高处未可靠固定。			

现场不安全行为

违章案例

工具放置在横担上未绑扎

违反条款

· 配电规程 第 17.1.5 条和第 17.1.12 条；
· 变电规程 第 18.1.11 条；
· 线路规程 第 9.2.5 条和第 10.12 条；
· 电力建设规程（1 变电）第 7.1.12；
· 电力建设规程（2 线路）第 7.1.1.8 条。

　　杆塔上作业应使用工具袋，较大的工具应固定在牢固的构件上，不准随便乱放。

现场不安全行为

序号	问题分类	问题小类	违章级别	违章性质
165	现场不安全行为	工作人员	蓝色	行为

典型项目	登杆塔等高处作业，跨越障碍物安全保护不到位。

 违章案例

现场装设导线无跨越架

违反条款

- 配电规程 第 2.3.6 条；
- 变电规程 第 5.1.5 条。

　　配电站、开闭所户外高压配电线路、设备的裸露部分在跨越人行过道或作业区时，若导电部分对地高度分别小于 2.7m、2.8m，该裸露部分底部和两侧应装设护网。户内高压配电设备的裸露导电部分对地高度小于 2.5m 时，该裸露部分底部和两侧应装设护网。

现场不安全行为

序号	问题分类	问题小类	违章级别	违章性质
166	现场不安全行为	安全带	蓝色	行为

典型项目	杆塔作业安全带使用不规范，未系挂使用后备保护绳。

 违章案例

登杆作业人员安全带使用不规范，未系后备保护绳

违反条款

· 线路规程 第 9.2.4 条；
· 配电规程 第 6.2.3 条；
· 电力建设规程（2 线路）第 7.1.1.5～7.1.1.9 条；
· 《关于加强作业现场高质量安全管控的通知》第三条。

作业人员攀登杆塔、杆塔上移位及杆塔上作业时，手扶的构件应牢固，不得失去安全保护，并有防止安全带从杆顶脱出或被锋利物损坏的措施。登杆塔作业要使用有后备保护绳或速差自锁器的双控背带式安全带（或全身式安全带），严禁人员在作业过程中（包括跨越障碍、横向移动等）失去安全保护。

现场不安全行为

序号	问题分类	问题小类	违章级别	违章性质
167	现场不安全行为	安全带	蓝色	行为

典型项目	作业人员杆塔上移位时，未扶在牢固构件上。

违章案例

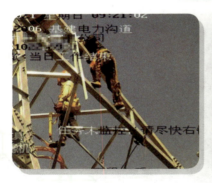

作业人员杆塔上移位时，未扶在牢固构件上

违反条款

· 配电规程 第 6.2.3 条；
· 线路规程 第 9.2.3 条；
· 电力建设规程（2 线路）第 7.1.1.9 条。

作业人员攀登杆塔、杆塔上移位及杆塔上作业时，手扶的构件应牢固，不得失去安全保护，并有防止安全带从杆顶脱出或被锋利物损坏的措施。

序号	问题分类	问题小类	违章级别	违章性质
168	现场不安全行为	登高器具	蓝色	行为
典型项目	工作人员将梯子绑接使用。			

 违章案例

工作人员不得将梯子绑接使用

 违反条款

· 配电规程 第 17.4.3 条；
· 变电规程 第 18.2.2 条；
· 线路规程 第 10.19 条。

梯子不宜绑接使用。

序号	问题分类	问题小类	违章级别	违章性质
169	现场不安全行为	围栏	蓝色	行为

典型项目	户外等低风险区域工作班组成员翻越围栏、遮栏。

 违章案例

工作人员不得翻越围栏、遮栏

 违反条款

· 配电规程 第 4.5.13 条；
· 变电规程 第 7.5.5 条。

禁止越过围栏。

现场不安全行为

序号	问题分类	问题小类	违章级别	违章性质
170	现场不安全行为	工作人员	**蓝色**	行为
典型项目	充换电设备风扇等设备清扫相关保养工作,作业人员将手指伸入。			

 示意案例

充换电设备风扇等设备清扫相关保养工作,
作业人员不得将手指伸入

违反条款

· 营销规程 第 16.3.3 条。

　　清扫风扇等设备时,严禁作业人员将手指伸入。

现场不安全行为

序号	问题分类	问题小类	违章级别	违章性质
171	现场不安全行为	工作人员	蓝色	行为

典型项目	光伏组件安装，单人挪动组件板，或组件接线施工，作业人员触碰金属带电部位。在潮湿或风力较大时，进行安装或操作光伏组件。

示意案例

光伏组件安装，严禁单人挪动组件板；组件接线施工，严禁作业人员触碰金属带电部位。在潮湿或风力较大时，不得进行安装或操作光伏组件

违反条款

· 营销规程 第 17.3.2 条。

光伏组件安装，进行组件接线施工时，施工人员应正确使用安全防护用品，不得触碰金属带电部位。在潮湿或风力较大的情况下，禁止进行安装或操作光伏组件。

序号	问题分类	问题小类	违章级别	违章性质
172	现场不安全行为	工作人员	蓝色	行为

典型项目	光伏设备检修与故障抢修，开关拉出后柜门未闭锁，或擅自开启柜门。

 示意案例

光伏设备检修与故障抢修，开关拉出后应将柜门闭锁，
禁止擅自开启

违反条款

· 营销规程 第17.4.3.3条。

光伏设备检修与故障抢修，开关拉出后应将柜门闭锁，禁止擅自开启。

序号	问题分类	问题小类	违章级别	违章性质
173	现场不安全行为	工作人员	蓝色	行为

典型项目	作业人员持物上下杆。

违章案例

作业人员持物上下杆

违反条款

- 配电规程 第 17.1.5 条；
- 变电规程 第 18.1.11 条；
- 线路规程 第 9.2.2 条。

禁止携带器材登杆或在杆塔上移位。

二次安全措施不落实

序号	问题分类	问题小类	违章级别	违章性质
174	二次安全措施不落实	现场	蓝色	行为
典型项目	在全部或部分带电的运行屏（柜）上进行工作，未将检修设备与运行设备前后以明显的标志隔开。			

 违章案例

在公用测控屏及 220kV 计量电压切换屏（带电运行屏）工作未进行绝缘包裹，未将检修设备与运行设备前后以明显的标志隔开

 违反条款

· 配电规程 第 10.3.2 条；
· 变电规程 第 13.8 条；
· 电力建设规程（1 变电）第 12.4.3 条。

在全部或部分带电的运行屏（柜）上进行工作，应将检修设备与运行设备以明显的标志隔开。

二次安全措施不落实

序号	问题分类	问题小类	违章级别	违章性质
175	二次安全措施不落实	二次工作安全措施票	蓝色	行为
典型项目	工作过程中，二次安全措施票的执行栏、恢复栏提前划钩、错划钩、漏划钩。			

违章案例

工作过程中，二次安全措施票的执行栏、恢复栏提前划钩

违反条款

· 北京公司《继电保护现场工作保安规定》第 3.1.5.1 和 3.1.5.3 条；
· 变电规程 第 13.20 条。

在工作开始前，认真对照已审批过的二次工作安全措施票逐条执行，并在"执行"栏打钩。如在执行过程中有与实际不相符的，应认真检查核实，确认无误后方可实施。工作结束恢复安全措施时，逐条在"恢复"栏打钩。

二次安全措施不落实

序号	问题分类	问题小类	违章级别	违章性质
176	二次安全措施不落实	二次工作安全措施票	蓝色	行为

典型项目	二次安全措施票所列内容与现场不符。

 示意案例

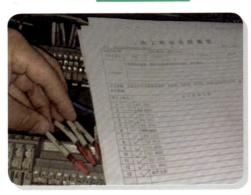

二次安全措施票所列内容与现场不符

 违反条款

· 变电规程 第13.7条。

现场工作开始前，应检查已做的安全措施是否符合要求，运行设备和检修设备之间的隔离措施是否正确完成，工作时还应仔细核对检修设备名称，严防走错位置。

二次安全措施不落实

序号	问题分类	问题小类	违章级别	违章性质
177	二次安全措施不落实	二次工作安全措施票	蓝色	行为

典型项目	现场已恢复安全措施，二次工作安全措施票执行人、恢复人、监护人未签字。

示意案例

二次工作安全措施票执行人、恢复人、监护人应签字

违反条款

· 北京公司《工作票填写执行规范》第十四章。

"执行人""恢复人""监护人"应分别亲自签字。

二次安全措施不落实

序号	问题分类	问题小类	违章级别	违章性质
178	二次安全措施不落实	二次安全措施票	蓝色	行为
典型项目	二次工作安全措施票单独使用，未配合工作票或事故应急抢修单使用。			

 违章案例

二次工作安全措施票未配合工作票

 违反条款

· 北京公司《工作票填写执行规范》第十四章。

　　二次工作安全措施票配合工作票或事故应急抢修单使用。

二次安全措施不落实

序号	问题分类	问题小类	违章级别	违章性质
179	二次安全措施不落实	二次安全措施票	蓝色	行为

典型项目	二次安全措施针对性不强。

违章案例

二次安全措施针对性不强

违反条款

· 变电规程 第 13.3 条。

检修中遇有下列情况应填用二次工作安全措施票：a）在运行设备的二次回路上进行拆、接线工作。b）在对检修设备执行隔离措施时，需拆断、短接和恢复同运行设备有联系的二次回路工作。

序号	问题分类	问题小类	违章级别	违章性质
180	二次安全措施不落实	计量现场	蓝色	行为

典型项目	电源侧不停电更换电能表时，直接接入的电能表未将出线负荷断开，未采取防止相间短路、相对地短路、电弧灼伤的措施。

违章案例

更换电能表时，直接接入的电能表未将出线负荷断开，
未采取防止相间短路、相对地短路、电弧灼伤的措施

违反条款

· 营销规程 第 12.2.2 条。

　　电源侧不停电更换电能表时，直接接入的电能表应将出线负荷断开，应有防止相间短路、相对地短路、电弧灼伤的措施。对于不具备电能表接插件的三相直接接入式计量箱，其三相直接接入式电能表装拆应停电进行。

二次安全措施不落实

序号	问题分类	问题小类	违章级别	违章性质
181	二次安全措施不落实	计量现场	蓝色	行为

典型项目	对于不具备电能表接插件的三相直接接入式计量箱，其三相直接接入式电能表装拆前未停电。

违章案例

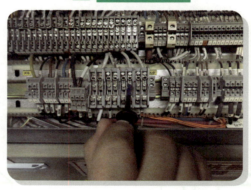

三相直接接入式电能表装拆前未停电

违反条款

· 营销规程 第 12.2.2 条。

电源侧不停电更换电能表时，直接接入的电能表应将出线负荷断开，应有防止相间短路、相对地短路、电弧灼伤的措施。对于不具备电能表接插件的三相直接接入式计量箱，其三相直接接入式电能表装拆应停电进行。

序号	问题分类	问题小类	违章级别	违章性质
182	二次安全措施不落实	计量现场	蓝色	行为

典型项目	在不停电的计量箱工作，未采取防止相间短路和单相接地的绝缘隔离措施。

违章案例

在不停电的计量箱工作，
未采取防止相间短路和单相接地的绝缘隔离措施

违反条款

· 营销规程 第 12.2.2 条。

电源侧不停电更换电能表时，直接接入的电能表应将出线负荷断开，应有防止相间短路、相对地短路、电弧灼伤的措施。对于不具备电能表接插件的三相直接接入式计量箱，其三相直接接入式电能表装拆应停电进行。

安全监控

序号	问题分类	问题小类	违章级别	违章性质
183	安全监控	现场监控	蓝色	管理

典型项目	现场布控设备拍摄情况不全，存在监控盲点，遮挡摄像头。

违章案例

现场监控设备不全，存在监控盲点

作业人员遮挡摄像头

违章案例

作业人员故意将布控球角度调整至作业点以外

违反条款

· 国网公司《作业安全风险预警管控工作规范》第二十一条。

工作负责人到达现场后，应提前做好准备工作。装设视频监控设备，通过移动作业 APP 与作业计划关联。

安全监控

序号	问题分类	问题小类	违章级别	违章性质
184	安全监控	现场监控	蓝色	管理

典型项目	小组工作负责人未执行移动作业 APP 流程，未按要求分小组作业。

违章案例

未按要求分小组作业

违反条款

· 《关于加强作业现场高质量安全管控的通知》第二条；
· 国网公司《作业安全风险预警管控工作规范》第二十一条和第二十四条；
· 配电规程 第 3.3.9.7 条；
· 线路规程 第 5.3.8.2 条。

对于多专业、多班组、多人员以及复杂施工环境的作业现场，应明确要求分小组作业，每个小组指定小组工作负责人使用工作任务单，执行安全规范化移动作业 APP 流程。

序号	问题分类	问题小类	违章级别	违章性质
185	到岗到位	到岗到位	蓝色	管理

典型项目	三级（不含三级）以下现场作业管理人员未到岗到位进行管控。

到岗到位

 示意案例

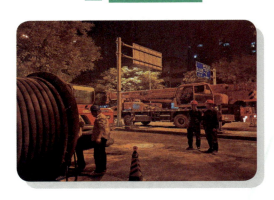

三级（不含三级）以下现场作业管理人员应到岗到位进行管控

 违反条款

· 北京公司安监部《关于加强风险管控工作的通知》（安监〔2022〕29号）。

对于一级、二级、三级作业风险和四级、五级作业风险，风险管控流程、管控措施和到岗到位要求应分别按照《国网北京市电力公司生产作业安全风险预警管控管理规定》（京电安〔2016〕32号）中"一级+""一级""二级"和"三级"风险的管控要求执行。

到岗到位

序号	问题分类	问题小类	违章级别	违章性质
186	到岗到位	到岗到位	蓝色	管理

典型项目	低风险作业现场，管理人员应到但未到位或现场未履职尽责。

示意案例

低风险现场管理人员应到岗到位履职尽责

违反条款

· 北京公司《领导干部和管理人员生产现》第二条。

　　各级领导干部和管理人员要按规定到达生产现场，及时了解、掌握并协助解决生产现场安全质量管理存在的问题，指导生产（施工）现场有关安全生产规程制度的落实。

序号	问题分类	问题小类	违章级别	违章性质
187	到岗到位	到岗到位	蓝色	管理

典型项目	低风险作业现场，监理人员应到但未到位或现场未履职尽责。

 违章案例

监理人员履责不到位，对现场危险点不掌握

违反条款

· 电力建设规程（1变电）第 5.1.1 和 5.3.3.5 条；
· 电力建设规程（2线路）第 5.1.1 和 5.3.3.5 条。

　　相关的施工项目经理、项目总工程师、技术员、安全员、施工负责人、工作负责人、监理人员、特种作业人员、特种设备作业人员及其他作业人员应经安全培训合格并履行到岗到位职责。